Civilizaciones exoplanetarias: El estado del arte en la búsqueda de inteligencia más allá de la Tierra

Elio Quiroga Rodríguez

Master's Thesis

[September 2023]

Universidad Internacional de Valencia

Supervisor: Jorge Lillo-Box

Faber & Sapiens

Civilizaciones exoplanetarias: El estado del arte en la búsqueda de inteligencia más allá de la Tierra

Elio Quiroga Rodríguez

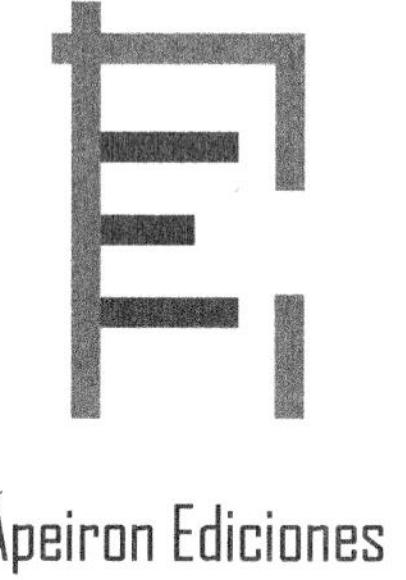

Ápeiron Ediciones

First Edition by Faber & Sapiens,
an imprint of Ápeiron Ediciones,
in 2026

C/ Príncipe de Vergara, n.º 132, planta 9
28002 Madrid
Tfno. (+34) 611 00 28 41
E-mail: info@faberandsapiens.com
http: www.faberandsapiens.com

Design and layout: Ápeiron Ediciones

ISBN: 979-13-991756-1-5
DL: M-4675-2026

Contents

«Toda la ciencia es incierta y susceptible de revisión. La gloria de la ciencia es imaginar más de lo que podemos probar. Su periferia es el territorio inexplorado donde la verdad y la fantasía aún no se han disociado».

(Freeman Dyson[1])

[1] Dyson, 2017.

0. RESUMEN

La búsqueda de inteligencia extraterrestre es un campo de la ciencia que sufre de una maldición: el interés mediático. Este la ha convertido en cierta medida en un espectáculo que, cuando no se obtienen los resultados esperados, parece caer periódicamente en desgracia pública. Tal es el caso de los grandes elementos de esta búsqueda de esta búsqueda como el proyecto SETI o la ecuación de Drake. De esta manera, la relación de la ciencia y la sociedad en este asunto hasta ahora ha sido ambivalente: en ocasiones es tomado en serio, en otras es ignorado.

Con el paso de las décadas, la búsqueda de inteligencia extraterrestre ha crecido y madurado y, contra todo pronóstico, ha ofrecido resultados cada vez más respetables, o al menos eso indica el índice de citas de algunos artículos que giran alrededor de ese tema. La irrupción de jóvenes científicos en el campo, de nuevas generaciones con visiones novedosas y herramientas computacionales de mayor calado, ha creado una suerte de renacer de esa búsqueda de comunicación más allá de nuestra frontera planetaria.

El autor busca ofrecer en este trabajo de revisión bibliográfica[2] una "instantánea" del momento actual, uno de los más interesantes desde el nacimiento de esta rama de la investigación científica, partiendo de un análisis de la historia de la búsqueda de inteligencias extraterrestres, destacando hitos importantes y trabajos notables en el campo. Se intenta aportar originalidad al trabajo, proporcionando conceptos que

[2] Esta publicación fue originalmente un Trabajo de Fin de Máster en la titulación de Máster en Astronomía y Astrofísica por la Universidad Internacional de Valencia, y fue dirigido por el Dr. Jorge Lillo-Box, investigador del Centro de Astrobiología (CAB).

puedan provocar sugerencias o reflexiones interesantes. Todo esto lleva a una conclusión sobre las perspectivas para el porvenir en este área de conocimiento.

Con todo, y parafraseando la cita de Freeman Dyson que encabeza este trabajo, el autor se ha tomado la libertad de añadir en contados casos a las referencias bibliográficas analizadas, las de algunas obras señeras del género de la ciencia-ficción que han resultado inspiradoras o bien han llevado a interesantes interacciones con las disciplinas científicas objeto de este documento, en lo que resulta una fascinante conjunción entre ficción y ciencia.

Este texto parte del Trabajo de Fin de Máster del Máster en Astronomía y Astrofísica de la Universidad Internacional de Valencia, y fue dirigido por el Dr. Jorge Lillo-Box, investigador del Centro de Astrobiología, Departamento de Astrofísica.

1. INTRODUCCIÓN Y OBJETIVOS

Este trabajo pretende trazar una modesta referencia del actual estado del arte alrededor de la búsqueda de inteligencia extraterrestre, que tal vez sea la búsqueda más emocionalmente importante que se ha planteado la humanidad a lo largo de su historia sobre la Tierra. Bien es verdad que muchas otras búsquedas han sido más influyentes e importantes, desde la conquista de otros continentes (Barrado Navascués, 2023) a las revoluciones políticas o culturales, pasando por la Relatividad o la Mecánica Cuántica. Precisamente por eso el autor ha añadido el adjetivo "emocional" al concepto "importante". La búsqueda de inteligencia extraterrestre responde a un anhelo que probablemente nos ha acompañado desde el principio de los tiempos. Somos una especie que necesita el contacto, la comunicación. Ya fuera al inicio entre tribus, luego entre ciudades, más tarde entre continentes y/o entre naciones, los humanos necesitamos compartir, somos gregarios, buscamos otras gentes. Donde sea. Tal vez sea esta característica una de las más definitorias de qué nos hace humanos: la búsqueda de semejantes, el encuentro, la necesidad de comunicación. En palabras de Carl Sagan: "La vida busca a la vida", (Sagan & Druyan, 2011).

Sea cual sea el resultado final de esa búsqueda de una inteligencia extraterrestre en otra estrella lejana, la respuesta a la pregunta que se plantea la humanidad: ¿Estamos solos en el universo? representará una conmoción para la especie humana; por la inevitable necesidad de contacto descrita previamente, o por el cambio de paradigma que implicaría saber que no estamos solos en un universo repleto de radiación letal, estrellas en explosión, nebulosas heladas y entornos hostiles, en el que la temperatura media está apenas unos grados por encima del cero absoluto. Y en el caso contrario, por la terrible, implacable soledad que implicaría.

Y en cualquier caso ambas respuestas implicarían hacernos conscientes de la responsabilidad de ser los custodios, hasta ahora en lamentable fracaso, de la riqueza biótica de un planeta repleto de vida como es la Tierra; algo que siempre ocupará un lugar preponderante. Ya por nuestra unicidad en una soledad eterna y fría, o por su unicidad, también, como una solución más en un universo rico en soluciones vitales, que no restaría importancia a esa responsabilidad única y absoluta de nuestra especie.

Este texto apenas rasca en los pasos dados por un grupo de pensadoras y pensadores, científicas y científicos, en pos de esa gran respuesta que todos anhelamos conocer en algún momento del futuro.

Los objetivos del presente trabajo se centran en una somera revisión conceptual, amén de historiográfica, del estado actual en el campo científico de la búsqueda de inteligencias extraterrestres, pero no rehúye el examen crítico de la misma, entrando en esas ocasiones en el terreno del ensayo, siempre con prudencia, intentando de paso aportar un punto de vista levemente original. De esta manera, el autor, a la hora de explicar ecuaciones como la que hizo inmortal a Frank Drake (1930 - 2022), propone posibles caminos hacia acotar sus variables más complejas de desvelar. O lleva de paso a las grandes conclusiones que están cambiando las perspectivas usadas hasta ahora, como el modelo creado por David Kipping, o añadiendo algún modesto factor original en otros aspectos, como el concepto de Factor de Escape, que acotaría las posibilidades de una civilización comunicativa para iniciar el viaje interestelar. Estos pequeños factores de originalidad no quieren obviar el que quiere ser un riguroso, sin bien necesariamente sinóptico, recorrido por el apasionante progreso de la ciencia de la búsqueda de inteligencias exoplanetarias, que pretende ofrecer este trabajo.

El autor desde el inicio de la investigación para este texto se ha enfrentado con la enorme cantidad de literatura científica generada por la búsqueda de inteligencia extraterrestre, un *corpus* casi inabarcable que se incrementa prácticamente de día en día, por lo que, para no extender demasiado este trabajo, ha preferido ser selectivo. El campo es tan vasto y las aproximaciones tan variadas que ni una tesis doctoral alcanzaría a resumir el alcance de lo publicado en este área de la ciencia. Eso sí: el *corpus* generado en los años transcurridos desde el inicio de la búsqueda de inteligencia extraterrestre como campo científico formal y consensuado, podría llevar a un interesantísimo "recetario de soluciones" al problema, algunas de ellas radicales y muchas apasionantes. El tiempo dirá si hemos dado con las fórmulas adecuadas o si todavía queda mucho camino por recorrer.

2. PROCEDIMIENTO Y TÉCNICAS

Al tratarse de un trabajo de investigación bibliográfica, el autor ha recorrido parte de la literatura publicada sobre el asunto, asumiendo su necesaria incompletitud: la cantidad de literatura, tanto científica como popular, que ha generado, y genera, la búsqueda de inteligencia extraterrestre, es enorme. Por ello el autor se ha ceñido a aspectos básicos de la historia de este proceso aún necesariamente inconcluso, introduciendo soluciones que, con respecto a procesos planteados y conocidos, se han planteado, ya sea a través de artículos científicos, como de obras literarias.

En algunos casos, el autor ha utilizado también, si bien ocasionalmente, fuentes de medios de comunicación generalistas, citándolos especialmente cuando proponen o sugieren alguna idea que haya resultado de interés para el desarrollo del presente trabajo.

El recorrido, incluido en forma de apartados dentro del capítulo de Discusión, será inicialmente sincrónico (para llegar a conocer el estado del arte en una disciplina determinada, es siempre necesario repasar su historia, siquiera de forma somera), para volverse diacrónico a partir de las discusiones relacionadas con las iniciativas más destacadas surgidas a lo largo de los años de la corta historia de la búsqueda de inteligencias extraterrestres (que consignan los hitos más importantes de la pequeña historia de la búsqueda de inteligencia extraterrestre).

Por otro lado, una parte importante del trabajo girará alrededor de la ecuación de Drake, ya un icono universal, y puesta de actualidad dado el interesante renacimiento que ha experimentado gracias a la original reinterpretación reciente del Dr. David Kipping. Se abundará también en algunos trabajos señeros de la amplísima bibliografía de referencias que se ha generado alrededor de la búsqueda de inteligencia extraterrestre, y concretamente alrededor de SETI (acrónimo de Search for Extraterrestrial Intelligence, Lamb, 2005), con el paso de los años, con cientos de artículos alrededor del asunto, algunos de ellos ciertamente peculiares, como se verá en la discusión que sigue.

Finalmente, se ahondará en ciertos criterios que a juicio del autor podrían coadyuvar a mejorar diversos aspectos de la búsqueda, explorando alternativas y declarando posibles insuficiencias en los procesos iniciados. Se aportarán por el camino algunos conceptos que quieren aportar una leve originalidad a un trabajo de vocación bibliográfica, que el autor espera que puedan contener sugerencias interesantes o llevar a los lectores a posibles reflexiones. Todo ello llevará a una breve conclusión que reflexionará sobre el futuro que espera a esta búsqueda.

No obvia el autor su inclinación hacia el ensayo en el texto, toda vez que la abundantísima literatura disponible lleva a conclusiones que ha juzgado interesante denotar en todo momento en este escrito.

3. DISCUSIÓN

3.1. Recorrido sincrónico y diacrónico

En esta sección el autor aportará una descripción sincrónica y diacrónica de los grandes pasos dados en la búsqueda de inteligencias extraterrestres a lo largo de los años.

3.1.1 El principio

En la primavera de 1960 el joven astrónomo Frank Drake (1930-2022) cambió la historia. Fue la primera persona que "escuchó" las señales de radio provenientes del Cosmos buscando rastros de un origen inteligente en ellas (Drake, 2011). Creó un proyecto personal y pionero de escucha de inteligencias extraterrestres, que llamó Ozma, como homenaje a la Princesa Ozma de Oz, que aparece en los libros de la serie de Oz de L. Frank Baum (Baum, 2018). Utilizó para aquel fin el radiotelescopio de 26 metros de Green Bank, en West Virginia, sintonizado a 1420 MHz, que se corresponde con la línea de emisión del hidrógeno en la longitud de onda de 21 cm, enfocando sucesivamente a dos estrellas relativamente cercanas a nosotros: Épsilon Eridani y Tau Ceti (Filippova & Filippov, 2020). Prolongó sus observaciones durante tres meses en el verano de aquel año, y no obtuvo resultados positivos, aunque publicó su investigación (Drake, 1960). Aquello cambió su vida y en gran medida orientó una forma de pensar entre los seres humanos. Fue un primer paso en la gran galería de la historia de la ciencia cuyo eco podemos oír aún hoy en día. En la Figura 1 podemos ver una foto del radiotelescopio tomada aquel año por el propio Drake.

Figura 1. Foto de 1960 del radiotelescopio de 26m de Green Bank en el que se llevó a cabo el Proyecto Ozma. (Drake, 2011).

Con el paso de los años, Frank Drake decidió ampliar aquel primer proyecto, creando el germen de SETI (Search for Extraterrestrial Intelligence, Tarter, 2001), que atrajo a varios amigos suyos, entre ellos Carl Sagan (1934 -1996), uno de los mayores divulgadores de la ciencia de la historia y una personalidad tan fascinante como hiperactiva, que a lo largo de su carrera diseñó expediciones a Marte, ayudó a desarrollar disciplinas como la planetología, escribió cientos de artículos científicos y decenas de libros y creó un fenómeno como "Cosmos: a personal voyage" (Sagan et al., 1989). que extendió la fascinación por la ciencia alrededor de todo el planeta.

Drake y Sagan, con la ayuda de Jill Tarter, ayudaron a crecer a SETI, que empezó también a obtener fondos públicos y a conseguir tiempo de radiotelescopios como el legendario, y lamentablemente hoy en ruinas, radiotelescopio de Arecibo. Drake, famoso también por la ecuación a la que dio nombre, es una personalidad fascinada, como Sagan, por el enorme enigma que nos rodea, y por el misterioso silencio cósmico, que llevó al físico Enrico Fermi (1901 - 1954) a hacerse su legendaria pregunta en 1950 en un almuerzo con otros colegas, inquiriendo, respecto a un universo tan vasto y silencioso: "¿Dónde está todo el mundo?" (Schils & Schils, 2012).

Con todo, aquel deseo (y entusiasmo) de búsqueda, tan natural en la especie humana, había empezado en 1959, cuando la revista Nature publicó un artículo firmado por Giuseppi Cocconi y Philip Morrison (respectivamente un especialista en rayos cósmicos y un físico; Cocconi & Morrison, 1959), en el que sentaban las bases de lo que podríamos conocer como la búsqueda de la vida extraterrestre, partiendo del modelo de origen de la vida terrestre como referencia. Aquel artículo en una revista tan prestigiosa supuso en gran medida el *nihil hobstat* por parte de la comunidad científica a la búsqueda de vida inteligente fuera de la Tierra como algo riguroso y viable. En aquellos años tenía sentido hablar de emisiones de radio como una muestra detectable de la existencia de civilizaciones extraterrestres, ya que la radio estaba en todas partes (el autor volverá a este argumento más adelante en este escrito, con intención de cuestionarlo). En el artículo, Cocconi y Morrison proponían una zona del espectro radio en el que había suficiente silencio como para buscar en su alrededor señales extraterrestres, proponiendo la frecuencia de emisión del hidrógeno[3], contando con que el argumento, además de

[3] En el espectro de radiofrecuencia que abarca desde 1 hasta 10 gigahercios (GHz), se observa una marcada disminución en la interferencia de fondo. En esta región en particular, hay dos frecuencias notables originadas por átomos o moléculas en estados

tener sentido físico, escapaba levemente de un concepto antropocéntrico de la búsqueda de emisiones radio alienígenas, y partía además de una frecuencia relacionada con el átomo más común en el universo. Aquello tenía sentido, y Drake siguió el camino propuesto.

El autor quisiera reseñar que otras iniciativas de búsqueda de inteligencias extraterrestres no vinculadas con el Proyecto SETI han ocurrido en otros lugares del mundo, tal es el caso de la URSS, que luego han continuado en Rusia y otros territorios del Este de Europa, con personalidades como V.S. Troitsky, V.A. Kotelnikov, V.I. Siforov o S.E. Khaikin o el pionero Nikolái Kardashev, al que más adelante en este texto se hará referencia (Gindilis & Gurvits, 2014, 2019).

3.1.2 La ecuación de Drake

El 1 de noviembre de 1961 se producía en el observatorio de Green Bank, West Virginia, una reunión informal de científicos para hablar sobre la "vida inteligente extraterrestre", auspiciada por The Space Science Board de la US Academy of Science. Frank Drake estaba entre los organizadores, y a ella iban a asistir su amigo Carl Sagan, que entonces tenía 27 años o Melvin Calvin, que durante la reunión sería informado de que había recibido el Premio Nobel de química gracias a sus investigaciones sobre la fotosíntesis (Olmedo, 1998).

Para aquel encuentro, Drake, preocupado por que la charla se fuera por unos derroteros más cercanos a asuntos de "platillos volantes", tan populares en aquellos años, decidió improvisar una propuesta de ecuación que pudiera servir de respuesta matemática preliminar a la incerti-

---

excitados: 1.42 GHz, atribuida a átomos de hidrógeno neutro, y 1.65 GHz, asociada con iones hidroxilo. Dado que tanto el hidrógeno como los iones hidroxilo son componentes que forman el agua, esta franja del espectro se ha denominado "el hueco del agua" o "water hole" (Harp et al., 2010).

dumbre de cuántas civilizaciones capaces de comunicarse existirían en nuestra galaxia: la Vía Láctea.

Su idea era usarla como elemento de partida sobre el que discutir en claves numéricas (de hecho lo primero que hizo fue escribirla en una pizarra en el inicio del encuentro)[4], pero desde el primer momento su entelequia matemática se convirtió en algo indiscutible.

Ya en aquella reunión, todos se entusiasmaron con la ecuación y empezaron a elucubrar con los posibles valores de las diferentes variables planteadas (Lamb, 2005). Así, lo que parecía una excusa para sistematizar una discusión, se convirtió en un icono[5]. Volveremos a ella para examinarla detenidamente más adelante.

Aquel encuentro en Green Bank fue la primera piedra del proyecto SETI, que llega hasta nuestros días. SETI desde el principio contó con las simpatías de la comunidad científica, aunque otro sector de ella lo miró siempre con escepticismo. El hecho de que tanto la ecuación de Drake como el proyecto SETI implicaran la aplicación de principios científicos para la búsqueda de inteligencias extraterrestres o su reducción hacia términos numéricos, permitían que los astrofísicos y astrónomos miraran con algo más de interés sus propósitos.

Curiosamente, con el paso de las décadas, SETI ha mantenido un proceso de trabajo coherente que ha mantenido en cierta medida su respetabilidad entre los científicos, justo al contrario del camino que ha seguido la aventurada e inicialmente prometedora propuesta de la

---

[4] De hecho es algo que se colige de la ecuación en sí a primera vista; hay algo en ella de "lanzamiento de posibles variables multiplicadas" de cara a una discusión rápida. Transmite un concepto de "cálculo de servilleta" que probablemente sea una de las causas de su popularidad.

[5] Es un hecho que el plantear un problema como el de la búsqueda de inteligencias extraterrestres como un conjunto de subproblemas, cada uno encarnado en una variable distinta, daba una sensación de aprehensibilidad, de posible realismo, a lo que hasta aquel momento no había sido nada más que una elucubración mental. Radica aquí, a consideración del autor, el poder de la ecuación de Drake. Y tal vez su gran "pecado original": hacer parecer factible numéricamente algo que podría no serlo.

ecuación de Drake. Y esto nos lleva precisamente al Proyecto SETI, que en la figura 2 vemos esquematizado por Jill Tarter[6], una de sus grandes defensoras y pioneras.

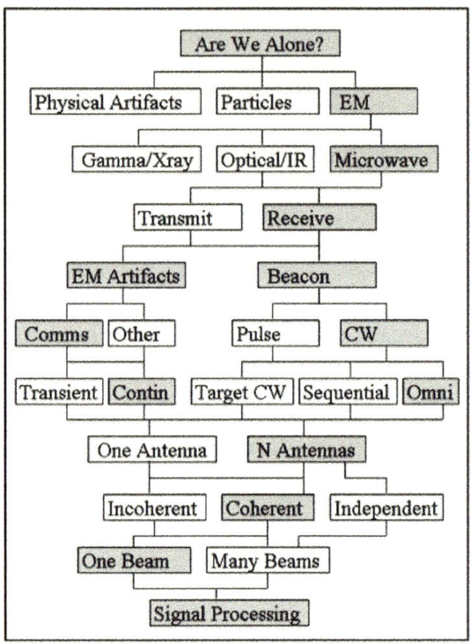

Figura 2. Un esquema del funcionamiento de SETI, mostrando el árbol de decisiones que implica la búsqueda en radio de señales de origen inteligente (Tarter, J., 2001).

[6] Jill Corner Tarter (1944) es una afamada astrónoma norteamericana. Además de ser una de las cofundadoras, ocupó el Bernard M. Oliver Chair en el Instituto SETI hasta 2012, y su persona inspiró el personaje de Ellie Arroway, la protagonista de la novela "Contact", escrita por Carl Sagan. Por su parte, Bernard M. Oliver fue vicepresidente de investigación de Hewlett Packard y miembro del proyecto SETI. Ambos participaron entre 1995 y 2015 en el Proyecto Phoenix, la búsqueda más amplia hasta entonces de señales de inteligencia extraterrestre vía radio (SETI Institute, 2023).

Este trabajo entrará a describir y analizar la ecuación de Drake en capítulos posteriores, pero es justo describirla como una de las más populares y conocidas de las ecuaciones en todo el mundo. En uno de los obituarios de Drake se habla de su ecuación como la segunda más famosa de la física, justo tras $E = mc^2$ (Drake, 2023)[7].

3.1.3 El proyecto SETI

Se decidió en SETI desde el primer momento seguir los pasos iniciados por Drake en su Proyecto Ozma y buscar rastros de emisiones de civilizaciones comunicativas en el espectro de las emisiones de radio, tendiendo en cuenta que nuestra civilización es un gran emisor, y por tanto bajo la premisa de que cualquier otra también debería serlo.

Buscando las menores interferencias naturales que fuera posible, tanto de origen galáctico como de la atmósfera de la Tierra, se eligieron longitudes de onda asociadas con la emisión del hidrógeno (H) y del grupo hidroxilo (OH). Como la combinación de ambos produce agua, este espacio de frecuencias se suele denominar "el agujero del agua"; una zona del espectro en la que el ruido de fondo es relativamente bajo, y por tanto donde las posibles señales emitidas por una civilización inteligente podrían ser detectadas más fácilmente. Bastantes de los experimentos de SETI se han concentrado en esa zona del espectro radioeléctrico.

No estamos seguros de haber recibido señales realmente inequívocas. Valga como ejemplo de muchísimos ocurridos posteriormente, Drake, 2008 o August et al., 2023, uno de los primeros casos: el de la famosa señal "Wow!". En ella vemos una intensa señal: "6EQUJ5", que corresponde a un pico de 30 veces la intensidad de fondo; una señal que podría provenir de una civilización remota. Se descartó su origen natural y

7 En una búsqueda no exhaustiva de los términos "Drake equation" en Google se obtienen, en la fecha en que el autor firma este trabaio, 289.000 resultados. En Google Académico la búsqueda arroja 2.890 artículos. En ambos casos, sólo en lengua inglesa.

no había una interferencia artificial posible tampoco, pero no se repitió, lo que impidió que se verificara el descubrimiento por terceros. Desde entonces, ese segmento del cielo ha permanecido en silencio de radio, aparentemente. Con todo, "Wow!" ha llevado a una prolija literatura científica, que plantea desde períodos mayores de observación en espera de repeticiones estocásticas (Kipping & Gray, 2022), a modelar y racionalizar su aparición en el contexto de la exoplanetología y de las posibles predicciones y escenarios posibles que se pueden plantear con la ecuación de Drake (Wheeler, 2014)[8].

Una interesante propuesta de Harp et al. (2019) sugiere el uso de *deep learning* en el campo de la visión artificial[9] para adaptarlas a las señales de interés, convertidas en espectrogramas, permitiendo que todo el arsenal de herramientas disponibles en esa rama de la ciencia se pueda aplicar para caracterizar e identificar señales en la búsqueda de inteligencias extraterrestres. Posteriormente en este trabajo se dedicará un capítulo a este asunto.

SETI ha utilizado a lo largo de las décadas grandes radiotelescopios en sus campañas de búsqueda como, entre otros, el ya comentado de Arecibo, la antena de 121 metros de la red de National Radio Astronomy, o el "Big Ear Telescope", en la Universidad de Ohio, justamente donde se descubrió la mítica señal "Wow!", que podemos ver en la figura 3.

---

[8] Es digno de reseñar que en 1977 las señales obtenidas en tiempo real por el radiotelescopio no se almacenaban en disco: eran demasiado caros y su capacidad de almacenaje de datos era desesperantemente pequeña (el popular Wincherter de IBM, lanzado pocos años antes, costaba al cambio unos 250.000€ y podía almacenar 35Mb). Por ello, las señales obtenidas por el radiotelescopio iban directamente a una impresora matricial que trabajaba día y noche con papel continuo. Precisamente por eso la señal "Wow!" está en papel pautado de impresora, done Ehman trazó su legendaria exclamación.

[9] Área de la inteligencia artificial que capacita a las computadoras y sistemas para discernir información relevante a partir de imágenes digitales o videos.

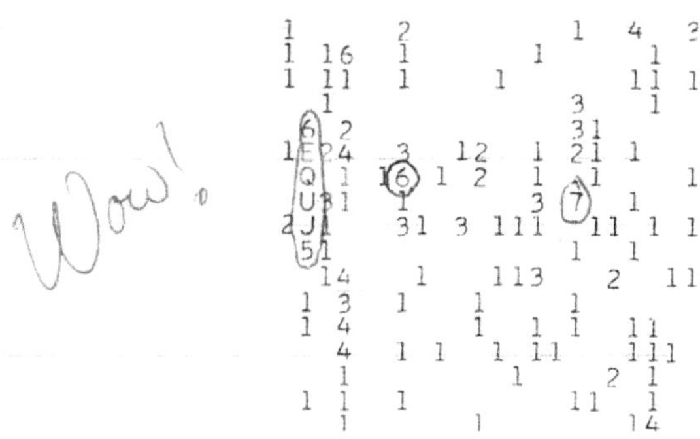

Figura 3. la legendaria señal "Wow", obtenida en el "Big Ear Telescope". Vemos la intensa señal "6EQUJ5". (Ehman ,2010).

Uno de los mayores responsables de que SETI se hiciera muy popular en la sociedad general fue Carl Sagan. A través de su novela "Contacto", publicada en 1985[10], popularizó el asunto, elucubrando sobre qué pasaría entre la humanidad el día en que SETI diera resultados positivos y contactáramos por primera vez con una civilización alienígena. La novela desarrolla un camino fascinante, y su popularidad se acrecentó aún más cuando se estrenó su versión cinematográfica, Contact (Contact, Robert Zemeckis, 1997), protagonizada por Jodie Foster. Fue tal vez el momento en el que SETI se hizo más popular, con escenas en lugares emblemáticos para el proyecto, como Arecibo o el Very Large Array de Nuevo México. Con todo, la película generó no poca polémica, al entenderse que se desviaba de lo narrado por Sagan en su novela (Cohen, 1998).

Sin embargo, y a pesar de la popularidad del proyecto, la falta de resultados extraordinarios que llevaran a la producción de artículos científicos espectaculares, el interés fue descendiendo en una suave pendiente y SETI fue dejando de ser prioritario para algunas instituciones. La

---

[10] "Contacto" había sido inicialmente un tratamiento para una película, escrito a cuatro manos por Sagan y Ann Druyan a inicios de los años 80. Sagan (2015).

NASA retiró su financiación en los primeros años 90 (Overbye, 2012), lo que supuso un duro golpe para el proyecto, que no sólo tenía que financiar tiempo de radiotelescopios, sino un creciente almacenamiento de datos y sobre todo el análisis posterior de las observaciones, que requerían el alquiler de supercomputadoras o redes de ordenadores.

3.1.4 SETI@home, un proyecto de ciencia ciudadana

A finales de los años 90 SETI necesitaba un nuevo impulso. Pensaron que podría ser muy interesante que el análisis de los datos obtenidos pudiera ser realizado en los ordenadores personales de miles de ciudadanos en todo el mundo, en una iniciativa de "ciencia ciudadana" pionera, propiciada por la renovada popularidad del proyecto gracias a la película de Zemeckis de 1997. Así nació el 17 de mayo de 1999 SETI@home, que convertía cualquier ordenador personal en un analizador de datos SETI, generando un inmenso superordenador virtual global. El proyecto se prolongó durante 21 años, siendo cancelado el 31 de marzo de 2020[11].

Con el paso de las décadas, SETI ha mostrado su enorme utilidad en el aprendizaje por la comunidad científica de técnicas para la búsqueda de señales radio de inteligencias extraterrestres en el Cosmos. Aunque algunos lo consideran un proyecto que estaba condenado al fracaso desde el principio, ha sido más bien al contrario. Prueba de esa continuidad es la supervivencia del proyecto, su extensión a varios centros en prestigiosas universidades, de las que se hablará más adelante, o el continuo apoyo de The Planetary society, que ha estado siempre aportando financiación al proyecto, hasta en sus horas más bajas.

SETI representa en cierta medida un objetivo de la ciencia que no tiene demasiado predicamento en las revistas científicas: la ausencia de

---

[11] El autor de este texto tuvo el *software* de SETI@home instalado y funcional en su ordenador personal durante 9 años.

resultados preliminares de los experimentos también es ciencia. El comunicar en un artículo que un experimento no ha dado los resultados esperados también tiene un valor científico. Porque sirve para mejorar métodos, afinar análisis, cambiar criterios y, en resumen, para hacer una ciencia mejor. Por ahora lo único que podemos afirmar es que en el período en que hemos buscado y en los puntos del cielo que hemos explorado, ninguna civilización extraterrestre ha emitido señales de radio inequívocas que hayan llegado a la Tierra dentro de las frecuencias y con los niveles de sensibilidad que hemos utilizado para "escuchar". Eso es todo. No podemos afirmar mucho más.

Si bien las señales más prometedoras encontradas por SETI lo han sido en contadas ocasiones y en varios casos han quedado descartadas como de origen inteligente extraterrestre inequívocamente, algunas siguen siendo intrigantes, y los procesos y métodos aplicados, con sus mejoras progresivas mediante ensayo y error, nos han enseñado a refinar la búsqueda de esas inteligencias. Nadie dijo que fuera fácil y SETI nos ha enseñado cómo buscar mejor.

Pero somos una especie impaciente, como la Historia no deja de recordarnos.

3.1.5 Un nuevo presente: la iniciativa de los grandes surveys. Breakthrough Listen

Un paso adelante que se ha sumado a la iniciativa pionera de SETI. Se trata de la iniciativa Breakthrough Listen (Gajjar et al., 2019), englobada dentro de la serie de proyectos Breakthrough financiada por el millonario y filántropo Juri Milner y su esposa Julia, y que contempla otros proyectos como Breakthrough Starshot, Breakthrough Watch o Breakthrough Message.

Breakthrough Listen utiliza actualmente los siguientes telescopios: The Automated Planet Finder (telescopio de 2,4 metros en el Observatorio Lick, en Monte Hamilton, California), el radiotelescopio de 100 metros Robert C. Byrd Telescope en Green Bank, el radiotelescopio de 64 metros CSIRO Parkes, el Murchison Widefield Array sito en Australia, las 64 antenas de MeerKAT o los telescopios de 12 metros de Efecto Cherenkov para rayos gamma de alta energía del Very Energetic Radiation Imaging Telescope Array System (VERITAS), en un ambicioso proyecto internacional coordinado. En principio Breakthrogh Listen tiene como objetivos primarios un millón de estrellas cercanas, observaciones en profundidad del núcleo y el plano galácticos, así como otras cien galaxias en nuestra proximidad (Gajjar et al., 2019). Con ello, el proyecto toma el testigo de los grandes *surveys* que caracterizan actualmente los trabajos de la astrofísica, superando los esfuerzos puntuales (Arecibo, por ejemplo) hacia zonas concretas del cielo, lo que implicaría una mayor probabilidad de éxito a efectos estadísticos, siquiera teniendo en cuenta el número de muestras a obtener. A buen seguro Breakthrough Listen nos dará una perspectiva novedosa y nos ayudará a acotar la posibilidad de la existencia de otras civilizaciones comunicativas, sea esta acotación positiva o negativa, con una precisión no vista anteriormente. Ello permitirá refinar criterios y predicciones.

También en algunas universidades, como Penn State (Wright, 2022), los astrónomos han buscado en exoplanetas señales en el espectro visible de supuestas civilizaciones extraterrestres, tales como las "esferas de Dyson"[12]. Esto nos lleva a otros modelos de posibles civilizaciones exoplanetarias que han llevado a ciertas clasificaciones y criterios, que comentaremos a continuación.

---

[12] Penn State tiene su propio instituto SETI, The Penn State Extraterrestrial Intelligence, lo que lleva al autor a que otra prestigiosa universidad también tiene un centro similar, el Berkeley SETI Research Center (BSRC), del que nacieron proyectos como las diversas ediciones de búsqueda de señales radio SERENDIP (Wright, 2021). Berkeley siempre ha dado soporte a SETI, algo que últimamente se ha enturbiado levemente al dar su apoyo al proyecyo de Juri Milner, al juzgarlo estratégicamente importante (100 millones de dólares de financiación por parte del millonario son la razón estratégica) (Sanders, 2015). Y es que casi nada está exento de razones económicas en cualquier aspecto de la investigación.

Actualmente nuestros "oídos" en radio hacia el Cosmos, en la búsqueda de la inteligencia alienígena son básicamente Breakthrough Listen, un proyecto de gran envergadura que sería impensable sin la existencia previa de SETI, que actualmente mantiene su actividad y su investigación como el SETI Institute, financiado parcialmente por fondos públicos y privados, estando estos últimos reservados para las búsquedas de señales. Un centro que emana del SETI Institute es el Carl Sagan Center (CSC)[13], que está financiado por la NASA. Por su parte, SETI mantiene sus actividades en clave de colaboraciones internacionales, con observaciones realizadas en China utilizando el radiotelescopio FAST (Zhang et al, 2020).

3.1.6 Acotando los modelos más allá de Drake: Clasificando civilizaciones alienígenas. De la escala de Kardashev a las Esferas de Dyson

Tras el breve recorrido histórico previo, pasemos a acotar algunas definiciones que pueden ser de interés para la lectura de este texto. En su artículo de 1964 "Transmission of Information by Extraterrestrial Civilizations" (Kardashev, 1964), el astrofísico ruso Nikolái Kardashev[14] preconizaba la existencia de tres tipos de posibles civilizaciones en el universo:

---

[13] Inicialmente bautizado "Carl Sagan Center for the Study of Life in the Universe" utilizando las siglas LITU (Vakoch, 2009), pasó a ser dirigido en 1984 por el propio Frank Drake. El instituto se centra en el estudio, observación y modelado multidisciplinarios de precursores de la vida en este y otros sistemas planetarios, incluyendo el estudio de la propia Tierra.

[14] Nikolái Kardashev (o Kardashov) (1943 – 2019) fue un astrofísico ruso que llegó a dirigir el Instituto de Investigación Espacial de la Academia de Ciencias de Rusia. La búsqueda de inteligencia extraterrestre fue para él un objetivo vital, que inició en 1963 con el estudio del cuásar CTA-102 (Fromm et al., 2010).

> Tipo I, como la civilización humana, con un consumo energético aproximado de 4×10^{19} erg/seg.
>
> Tipo II, una civilización capaz de obtener gran parte de su consumo energético de su propia estrella, usando vastas estructuras como las Esferas de Dyson, con un consumo energético de unos 4×10^{23} erg/seg.
>
> Tipo III, una civilización de escala energética galáctica, que consumiría unos 4×10^{44} erg/seg.

El concepto usado por Kardashev en su artículo nace de la mente del astrónomo Freeman Dyson[15] (que se inspiró a su vez en la novela de 1934 "Hacedor de estrellas" (Maggiori, 2016) de Olaf Stapledon (1886 - 1950)[16]) para difundir su concepto de Esferas de Dyson, en su artículo de 1960 "Search for artificial stellar sources of infrared radiation" (Dyson, 1960). En él informaba de posibles signos de civilizaciones avanzadas en el cosmos (tecnomarcadores) a partir de la posible creación de enormes estructuras que pudieran absorber la energía de las estrellas de sus sistemas planetarios para alimentarlas (se trataría de civilizaciones del Tipo II en la escala propuesta por Karsashev). En la figura 4 podemos ver la portada de "Hacedor de estrellas" en su edición española de Minotauro.

[15] Freeman Dyson (1923-2020) fue un auténtico hombre del renacimiento, y sus aportaciones a la ciencia son señeras en campos muy variados, con aportaciones a la electrodinámica cuántica (por las que estuvo a punto de ganar el Premio Nobel de Física) o a las matemáticas (Dyson, 1996).

[16] He aquí un caso de cómo el género literario de la ciencia-ficción inspiró un concepto científico que, no por discutido, deja de ser aceptable. Hay otros casos similares de interacción entre ficción científica y ciencia pura, que merecerían por sí mismos un estudio aparte.

Figura 4. Portada de la edición española de "Hacedor de Estrellas", la novela de Olaf Stapledon que inspiró a Freeman Dyson para su concepto de las Esferas de Dyson.

Estos conceptos han llevado a sorprendentes e interesantes resultados científicos, tal es el caso de la conocida Estrella de Tabby, también llamada la WTF Star o la Boyajian Star, descubierta por la astrofísica Tabetha S. Boyajian a partir de datos de la Misión Kepler (Boyajian, T. et al, 2016), cuyas extraordinarias variaciones de flujo resultan desconcertantes. Hay literatura científica, como Jiménez & Cortés, 2018, que plantea que el extraño comportamiento de la estrella podría estar relacionado con la posibilidad de estar rodeada por una Esfera de Dyson creada por alguna civilización de Tipo II. Raymond et al., 2023, proponen como posibilidad especulativa que una civilización suficientemente avanzada puede colocar en órbitas de herradura[17] o resonantes varios planetas en órdenes de claro origen artificial (tal como números primos o la serie de Fibonacci) para que esos planetas estables (la estabilidad resulta ser independiente del número de objetos) dejen un mensaje a muy largo plazo de su existencia, persistente incluso tras el abandono

[17] En una órbita de herradura, dos o más planetas o lunas siguen trayectorias similares y alternan sus posiciones a lo largo de su órbita común, ocupando en ocasiones puntos estables de Lagrange. Tal es el caso de las lunas de Saturno Epimeteo y Jano.

por parte de su estrella de la Secuencia Principal del diagrama HR, y probablemente de su extinción.

Jason T. Wright realiza un interesante estudio sobre las Esferas de Dyson creando un modelo de desarrollo y observación en Wright, 2020, al parecer sólo publicado en The Serbian Astronomical Journal. En la introducción de ese artículo Wright muestra una definitoria cita del propio Dyson en una serie de respuestas a cartas en la revista Science (Dyson, 1960) a raíz de la publicación de su primer artículo, referido anteriormente, en las que refina su propia definición de las esferas que llevan su nombre, afirmando entre otras cosas que: en su artículo original no había previsto que la propuesta Esfera que lleva su nombre fuera un anillo monolítico, que concebía como *mecánicamente imposible*, sino más bien un enjambre de objetos[18] viajando en órbitas independientes alrededor de la estrella, o que su descripción de una posible emisión infrarroja como indicador de esas posibles esferas era independiente de los detalles de cómo podría ser construido el citado enjambre hipotético ni sus características, o que la detección de un exceso de radiación infrarroja alrededor de estrellas cercanas al Sol por sí misma no implicaría que se hubiera encontrado una inteligencia extraterrestre, algo que parecía haber causado gran revuelo entre los lectores de Science.

Más adelante, en 1966, en una participación en un texto colectivo, Dyson plantearía un posible modelo físico de sus Esferas en el que contradice las afirmaciones indicadas anteriormente, afirmando que podrían ser inmensos objetos rígidos (Marshak & Blaker, 1966).

Volviendo al artículo de Wright, este plantea en su discusión modelos físicos para la estabilidad de una Esfera de Dyson monolítica del tipo que plantea Dyson en 1966, su eficiencia y tamaño óptimos y qué implicaría una tal Esfera para los observables de una estrella. En la figura 5 podemos ver una comparativa de la distribución espectral de energía de una estrella de tipo solar rodeada por una Esfera de Dyson

---

[18] Se les ha denominado Dyson Swarms en inglés, como consta en Raymond et al., 2023.

de 1UA, observada desde una distancia de 100pc. En la figura podemos ver que el observable esperado sería una doble curva de lo que sería en una estrella normal una gráfica de emisión de cuerpo negro, que sería característica de una de esas Esferas. Se distingue el interior y exterior de la Esfera de Dyson. La esfera transmite 1/3, absorbe 1/3 y refleja 1/3 de los fotones que llegan a ella y emite calor residual de manera uniforme entre sus superficies interiores y exteriores, que tienen las mismas temperaturas efectivas. La superficie interior está parcialmente oscurecida por la esfera misma y por ende parece más tenue. El espectro estelar en la región azulada es el de una estrella enana con una temperatura efectiva de 5,800 K de los modelos NextGen (Hauschildt et al., 1999).

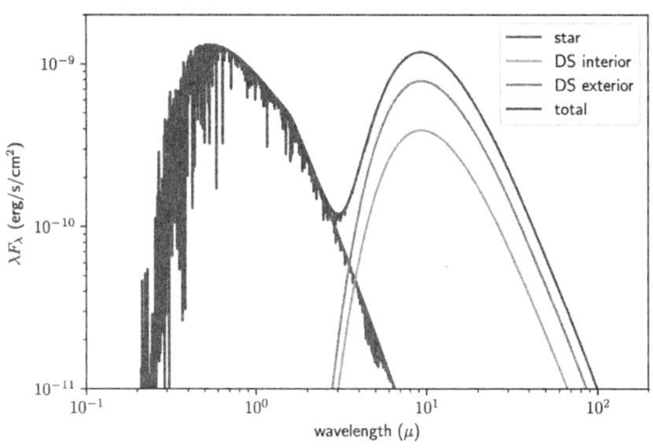

Figura 5. Espectro de una estrella similar al Sol rodeada por una esfera de Dyson situada a 1UA de la estrella, observada desde una distancia de 100pc (Wright, J. T., 2020).

La búsqueda de estructuras como las esferas de Dyson ha llevado a la creación de variantes de SETI bautizadas en función de aquellas como "Dysonian SETI" en Bradbury et al. (2011), también como "Artifact SETI", en Wright & Oman-Reagan, 2018, o como SETA (Search for Extraterrestrial Artifacts), como encontramos en Freitas, 1983. En este sentido, el Proyecto TROY, en desarrollo desde 2017, podría ofrecer datos complementarios muy interesantes en el futuro (Lillo-Box et al.,

2018), si bien no serían los buscados inicialmente, podría ser un interesante resultado colateral[19]. Otra interesante iniciativa es la de Beatriz Villarroel et al., 2018, llamada VASCO (Vanishing and Appearing Sources during a Century of Observations), que estudia en observaciones previas algunos objetos transitorios.

A colación de "Artifact SETI", un artículo que el prolífico y controvertido Abraham Loeb ha publicado recientemente en Loeb, 2023, donde sugiere que algunos objetos de origen interestelar que han pasado por nuestro sistema solar, como el llamado 1I/'Oumuamua (conocido también por A/2017 U1 y C/2017 U1) o los meteoritos IM1 e IM2, podrían ser fragmentos de una esfera de Dyson rota provenientes de un sistema planetario lejano habitado por una civilización de Tipo II. Loeb ya difundió en un artículo anterior la polémica tesis de que el objeto 1I/'Oumuamua podría ser una sonda interestelar creada por una posible civilización extraterrestre (Bialy & Loeb, 2018). El objeto abandonó nuestro sistema en 2018, por lo que su observación cercana no es posible, si bien el propio Loeb participó posteriormente en un artículo con Amir Siraj en el que proponían una misión de intercepción (Siraj et al., 2022) para futuros objetos similares de posible origen interestelar que atravesaran nuestro sistema solar, identificando cuatro candidatos posibles: 2011 SP25, 2017 RR2, 2017 SV13 y 2018 TL6. Asimismo, han identificado como un posible objeto de origen interestelar el meteorito CNEOS14, caído en el Océano Pacífico en 2014 (Siraj & Loeb, 2022). Es importante destacar que gran parte de estos trabajos son altamente especulativos, y que precisamente el prolífico Loeb es polémico por rea-

[19] El proyecto TROY busca entender la formación y evolución de sistemas planetarios a través de la detección y caracterización de los planetas exo-troyanos. Se centra en el análisis de los puntos de Lagrange donde las fuerzas gravitatorias de una estrella se compensan. Los puntos L4 y L5 son especialmente estables y pueden albergar cuerpos adicionales. La detección de exo-troyanos proporcionaría pistas sobre la formación y migración planetaria en sistemas planetarios exteriores, y podría dar algunos datos interesantes respecto a las hipótesis enumeradas en este capítulo sobre posibles objetos del tipo "artifact SETI".

lizar conclusiones ajenas a la "navaja de Ockham" (esa vieja herramienta científica que nos dice que, ante la falta de evidencia, la explicación para un fenómeno suele ser la más sencilla de las posibles).

Un reciente artículo muestra una sugerencia relacionada con los artículos citados de Loeb, indicando la posibilidad de que algunas civilizaciones extraterrestres podrían estar explorando el universo mediante el uso de sondas autorreplicantes, invitando a que la búsqueda de tales civilizaciones se incline a la localización de tales sondas, más que al estudio de las señales electromagnéticas de posible origen artificial; es Ellery, 2022, algo que adelantaba ya en 1978 un texto de Michael D. Papagiannis, 1978, invitando a buscar sondas extraterrestres en el Cinturón de Asteroides en un embrión de la idea de SETA.

El concepto de los autómatas autorreplicantes había sido formalizado teóricamente por uno de los padres fundadores de la informática, John von Neumann (1903 - 1957) en 1949 en un texto clásico (von Neumann, 1949) en formato artículo, posteriormente Neumann, 1966 en libro, si bien el debate alrededor de máquinas que se pueden reproducir a sí mismas para explorar el espacio fue planteado por Sagan & Newman, 1983, en respuesta a varios artículos de Frank Tipler, 1980, 1981, lo que llevaría posteriormente a una acalorada serie de respuestas y contraargumentos entre Sagan y Tipler, que fue bautizada como "el debate Sagan-Tipler", resumido en Ellery, 2022. El debate, que tenía mucho que ver con el optimismo de Sagan con respecto a la extensión de la vida y de la inteligencia en el Universo, se enfrentaba al escepticismo de Tipler, recorriendo la posibilidad de la existencia de autómatas autorreplicantes, tanto de procedencia extraterrestre, como creados por los propios seres humanos para la exploración espacial a largo plazo. En este asunto los términos se invirtieron, siendo Sagan el escéptico y Tipler el más optimista en cuanto al uso futuro de tales tecnologías por la humanidad. Nos movemos, con todo, en una zona altamente especulativa, en la que en ocasiones lo ficcionado, lo deseado y lo real pueden unirse y resultar confusos.

3.1.7 El siguiente paso: el envío de mensajes. De SETI a METI

Las siglas METI (Messaging Extraterrestrial Intelligence) designan los diversos proyectos que, prácticamente desde el inicio de la búsqueda científica y sistemática de inteligencia extraterrestre, han intentado enviar al cosmos mensajes codificados informando de la existencia de la especie humana y su civilización. Ya en los años 60 se establecían algunas bases teóricas para el proceso, como el seminal "Communication with Extraterrestrial Intelligence", del criptólogo Lambros D. Calimajos publicado en el NSA Technical Journal (Wooster et al., 1966). El texto era parte de una ponencia realizada en un encuentro IEEE de expertos en criptografía en 1965, que recopiló Harold Wooster y que durante un tiempo (era la Guerra Fría) fue considerado como material clasificado.

El mismo Carl Sagan ayudó a Frank Drake y otros a diseñar un mensaje que fue enviado desde el telescopio de Arecibo en noviembre de 1974 en una banda efectiva de 10 MHz de la frecuencia de 2380 MHz hacia el cúmulo globular M13 (Cerceau & Bilodeau, 2012), un anhelo explícito de comunicación que ya se intuía en la placa incluida en las sondas Pioneer y posteriormente en el disco de las Voyager, ambos diseños conceptuales del propio Sagan. Todo ello implica un deseo casi arcaico entre la humanidad de dejar una huella en el cosmos, a través de mensajes o mensajeros (sondas) que probablemente siga prolongándose en el futuro. Pero en todos los casos sigue habiendo un tono antropomofizante en esos mensajes. METI ha tenido fuertes críticas, tal es el caso de Stephen Hawking, quien advertía sobre posibles consecuencias indeseadas de estos mensajes solicitando comunicación en un universo en el que cualquier cosa puede pasar y la extinción podría estar a la vuelta de la esquina (Cofield, 2015; Vakoch, 2016). Con todo, el concepto se mantiene vivo en la iniciativa Breakthrough Message promovida por Juri Milner.

El autor argumentará más adelante en esta discusión si realmente se está acertando en cómo se está enviando el mensaje, su codificación y los supuestos que estamos asumiendo de cómo será quien lo reciba; tal vez estemos poniendo de nuevo demasiado "de nosotros" cuando enfrentamos esos conceptos. Con todo, METI ha creado una gran efervescencia de artículos científicos o filosóficos, en proporción similar a SETI; entre ellos se pueden encontrar en Santana, 2021 o en Gertz, 2016, pasando por advertencias catastróficas, como Turchin, 2018, o Peters, 2019, esta última considerando diferentes escenarios de extinción de la especie humana como pintorescos ejemplos que ayuden a delimitar factores de la ecuación de Drake como el parámetro L. Otros trabajos científicos plantean posibles estrategias a seguir en el caso del inicio de un proceso de comunicación con una inteligencia extraterrestre, como Krotenko, 2017, llegando a plantear una rama, la exosemiótica, para construir señales de comunicación con otras civilizaciones (Vakoch, 1998).

Con todo, podría ocurrir también que no estuviéramos enviando los mensajes de forma adecuada e incluso que algunos hubieran sido respondidos pero no supiéramos interpretar su respuesta, lo que implicaría la necesidad de desarrollar desde el punto de vista de la semiótica procesos de decodificación de mensajes que no hemos considerado previamente, o de generación de los mismos, usando otras formas y estructuras distintas a aquellas a las que estamos acostumbrados, y que son condicionadas por nuestro planeta, nuestra biología y nuestras propias civilizaciones (Melka & Schoch, 2020). El autor incide sobre todo ello hacia el final de este trabajo, en el capítulo dedicado al uso de las IAs para esta búsqueda.

Hay además un asunto interesante que plantean los mensajes METI, y es qué hacer si se obtuviera respuesta a alguno de ellos, cómo gestionar protocolos de conversación, quién habla (parafraseando a Carl Sagan) en nombre del planeta Tierra[20] o qué pautas tendría nuestro mensaje de vuelta, amén de otros muchos detalles que requerirían de la confección

---

[20] "¿Quién habla en nombre de la Tierra?" ("Who speaks for Earth?") es el título del último episodio de la legendaria serie "Cosmos: a personal voyage" (Sagan, C. et al, 1981-1989) y del último capítulo de su libro homónimo (Sagan, C. E., 1980).

de normas estrictas y bien delimitadas, que han empezado a concebirse, aunque en sus más primarios elementos por ahora, en el primer Penn State SETI Symposium, celebrado en 2022 (Mekel et al., 2023).

3.2. Crítica y revisión de las propuestas históricas

3.2.1 Analizando la ecuación de Drake

Tras la anterior y somera reseña del camino del proyecto SETI (y METI), vamos a regresar al origen de todo, aquella ecuación concebida por Frank Drake para que fuera un instrumento de discusión de la legendaria reunión de Green Bank de 1961, y que cobró su propia vida (y nunca mejor dicho) hasta hacerse universal. Esta es su estructura:

$$N = R^{*}\, Fp\, Ne\, Fl\, Fi\, \mathrm{Fc}\, L \qquad (1)$$

Donde N es el número de civilizaciones que en nuestra galaxia son comunicativas actualmente, es decir, que pueden comunicarse con otros sistemas planetarios en el momento presente. El término comunicativo es importante y el autor ahondará en ello más adelante, a medida que evolucione esta discusión. Es importante destacar que, en aras de la simplificación y de la lógica de la observabilidad, las cifras que maneja la ecuación de Drake se aplicarían en principio a la Vía Láctea (Maccone , 2012).

Repasemos las variables del segundo término de la ecuación:

R^{*} es el número de nuevas estrellas que se forman en la galaxia cada año.

Fp es la fracción de esas estrellas que tienen sistemas planetarios.

Ne es el número promedio de planetas que giran alrededor de la estrella que podrían soportar la vida.

Fl es la fracción de esos planetas en los que la vida podría existir realmente.

Fi es la fracción de planetas habitados en los que la vida evoluciona hacia la inteligencia.

Fc es la fracción de esos planetas que soportan vida inteligente en los que las especies inteligentes que los habitan han iniciado el uso de técnicas de comunicación entre distancias interestelares.

L es el tiempo de supervivencia promedio de una civilización inteligente como la descrita para *Fc*.

Una de las primeras conclusiones a las que el lector puede llegar al echar un vistazo a estas definiciones es su vaguedad. Cuando hablamos de vida inteligente en el caso de *Fi* ¿De qué tipo de inteligencia estamos hablando? ¿De una similar a la humana, el único ejemplo de civilización que conocemos actualmente? Cuando Fc se refiere a las técnicas de comunicación ¿Hablamos de las usadas por los seres humanos? ¿Y de la exploración espacial y/o el viaje interestelar? Y cuando hablamos de *Fc* ¿Qué tipo de supervivencia es la que se refleja en ese caso? Pensemos en una especie que por un fenómeno natural hostil debe refugiarse bajo la superficie de su planeta y suspender sus actividades comunicativas ¿La consideraríamos como extinta si dejáramos de recibir sus señales? Hay aspectos de gran vaguedad en las variables propuestas, en las que indagaremos inmediatamente.

3.2.2 Algunas consideraciones sobre las variables planteadas por Drake

Vamos a despejar algunas de las dudas planteadas previamente. Veamos qué sabemos y qué no de las variables de la ecuación (1).

De entre las diversas variables planteadas por Frank Drake, las dos primeras estamos empezando a desvelarlas. Desde hace relativamente poco tiempo podemos promediar que en una galaxia espiral barrada promedio como la Vía Láctea surgen (como techo estimativo) dos estrellas nuevas cada año (Robitaille & Whitney, 2010), lo que ya nos da una aproximación razonable en nuestra galaxia para la variable *R**.

Para *Fp* también hay aproximaciones aceptables, que sugieren que muchas de las estrellas pueden tener planetas orbitando a su alrededor, en un porcentaje que oscila entre el 50% y el 70% (Dressing & Charbonneau, 2015). De modo que esta segunda variable la estamos acotando mejor gracias a la exploración exoplanetaria iniciada a mediado de los años 90.

El problema empieza con las siguientes variables de la ecuación, de las cuales no conocemos, ni tan siquiera aproximadamente, un valor, de modo que sólo podemos aventurarlos y generar valores, y por tanto escenarios, hipotéticos. Y es poco aconsejable utilizar una ecuación como esta, que intenta ser predictiva, con valores hipotéticos.

Así, *Ne, Fl, Fi, Fc, L*, con los actuales conocimientos de la humanidad, podrían tomar prácticamente cualquier valor, lo que hace técnicamente inoperativa a la ecuación propuesta en 1961 por Frank Drake.

Volviendo al quinteto de variables "imposibles" en el estado del arte actual del conocimiento, el autor quisiera centrarse un momento en *Fc*, aquella que designa la fracción de las llamadas "civilizaciones comunicativas". Tal vez sea uno de los conceptos más resbaladizos que plantea la ecuación de Drake.

Fc puede implicar dos tipos de comunicaciones interestelares: el viaje interestelar (sobre el que el autor abundará más adelante) y las comunicaciones electromagnéticas (radio), que mostrarían señales de tal desarrollo tecnológico y llevarían a la definición final de *N*, a la izquierda de la ecuación: civilizaciones inteligentes comunicativas, tal y como se comenta previamente en este trabajo.

Y nos queda además *L*, la última variable, tal vez la más problemática de todas, que mide algo a priori imposible de medir: la vida media de una civilización inteligente. Porque ¿Puede *L* medirse si somos actualmente el único ejemplo de civilización que conocemos? ¿Cómo se mediría en cualquier caso? ¿Qué criterios históricos o físicos se utilizarían para ello? ¿Mediríamos nuestra civilización como el lapso entre la aparición de la inteligencia y el momento en el que nuestro Sol, en su camino hacia una Gigante Roja, nos engulla, dentro de unos 800 millones de años? ¿O entre la aparición de las telecomunicaciones, que nos convierten en "civilización comunicativa" y el fin de nuestra especie por cataclismos, terremotos, meteoritos, llamaradas solares o extinción por incompetencia? ¿Estamos extinguiéndonos ya actualmente, a causa del cambio climático? *L* tal vez sea la variable que lo tenga más difícil: a priori puede parecer que no sabemos ni por dónde empezar a calcularla.

Sin embargo *L* ha llevado a un respetable volumen de literatura científica que intenta indagar en el posible lapso de supervivencia de una civilización tecnológica, tales son los casos de Olson & Ord, 2021, o Lemarchand, 2009, centrada en ocasiones en la civilización humana, la única que conocemos a fecha de hoy (Bostrom, 2002). Esa respetable cantidad de artículos ha llevado a interesantes conclusiones alrededor de las posibilidades de nuestra propia supervivencia (Matheny, 2007).

La influencia de la ecuación de Drake, directa o indirectamente, ha generado toda una corriente de pensamiento relacionada con la supervivencia de las civilizaciones, alimentada además por populares ensayos históricos relacionados con los ejemplos del pasado de civilizaciones desaparecidas, como el influyente Collapse (Diamond, 2011), siendo sintomáticos los escritos que ha generado en relación con la ecuación de Drake (Chick, 2011), comprobándose que la disciplina de la Historia en ocasiones puede ofrecer interesantes conclusiones en algo tan aparentemente especulativo como la posible determinación de la variable *L*.

Respecto a *Ne*, *Fl* y *Fi*, se nos abren interesantes interrogantes, muchos de ellos por ahora irresolubles. Si bien *Ne* podría ser una cifra que se podría aproximar a medio o largo plazo, todo en función de las mejoras de nuestras capacidades de estudio remoto de exoplanetas, por lo que tal vez podríamos contemplarla como un proyecto factible razonablemente (la predominancia registrada de planetas terrestres, la existencia de agua líquida y biomarcadores como ozono, clorofila, la discutida fosfina de Venus (Clements, 2023) y otros aún por determinar y por refinar[21]), en cambio *Fl* y *Fi* se nos pueden antojar como inalcanzables; cifras por ahora inaprehensibles. Con todo, ambas nos plantean muchas preguntas, tales como nuestra definición de vida y de inteligencia. De hecho, en el caso de Fl, a medida que vamos comprendiendo más y mejor los sistemas planetarios que vamos descubriendo, nuevas preguntas pueden surgir ante nosotros, la mayoría de ellas actualmente irresoluble. Por poner algunos ejemplos de ellas: ¿Un sistema planetario en el que el hierro fuera escaso podría formar planetas que sostuvieran vida, como sugiere Zinnecker, 2004? El hierro es fundamental en un interior planetario líquido para poder formar una coraza magnética que proteja al planeta y a su posible atmósfera del viento estelar. ¿Es necesario, como el caso de la Tierra, que un planeta con vida tenga una luna de escala comparable a la del planeta principal, o incluso un sistema binario de planetas, que permita con su rotación un flujo de mareas que man-

[21] *Ne* podría determinarse conociendo qué planetas en un determinado sistema planetario están en la llamada "zona de habitabilidad" o "zona Ricitos de Oro" ("Godilocks zone"), volumen orbital alrededor de una estrella en el que puede existir agua en estado líquido en la superficie de un planeta, y que depende a su vez del tipo de estrella que regenta ese sistema planetario, así como su situación evolutiva (Ahumada et al., 1994), pero esa descripción tal vez fuera demasiado restrictiva (también demasiado generosa, porque el hecho de estar dentro de la zona de Habitabilidad no implica que el planeta sea habitable); otros mundos, como por ejemplo algunos de los satélites galileanos de Júpiter o algunos de Saturno (Tjoa et al., 2020), pese a estar en nuestro sistema solar fuera de la zona citada, podrían sustentar vida, gracias a las fuerzas de marea que permiten que en ellos haya agua líquida bajo sus superficies heladas, como apunta Whittet, 2017. También en el pasado otros planetas cercanos, como Venus o Marte pudieron sostener vida en el pasado y aún no sabemos a ciencia cierta si no la sustentan actualmente, aunque sean formas simples, como bacterias. Las sondas planetarias han encontrado pruebas de que Marte tuvo océanos en el pasado (Head III et al., 1998), y puede que Venus, encontrándose en zona de habitabilidad, pudiera haber sido muy diferente hace millones de años (Krissansen-Totton et al., 2021). Como nota curiosa, el nombre "Goldilocks zone" proviene del famoso cuento infantil ""Goldilocks and the Three Bears" ("Ricitos de Oro y los Tres Osos"). En la historia narrada, Ricitos de Oro prueba diferentes tazones de avena: uno está demasiado caliente, otro está demasiado frío y el tercero está justo templado (Filippelli, 2022).

tenga el núcleo del planeta líquido y por tanto magnéticamente activo, a la manera que plantean Driscoll & Barnes, 2015? ¿Por qué vivimos en una estrella de tipo espectral G y no en una estrella de tipo M, que son mucho más abundantes (Haqq-Misra et al., 2018)? ¿Esto último sería indicio de algo, o nos acercamos peligrosamente al principio antrópico? Las preguntas sin respuesta por ahora no dejan de surgir.

Es inevitable en ese aspecto que pasemos las posibles evidencias por nuestro filtro como especie (somos el único ejemplo de especie inteligente que conocemos actualmente en el universo, que sea capaz de comunicar y de construir civilizaciones), pero el autor en este aspecto considera que, especialmente *Fi* es una variable que, por juzgarla imposible apriorísticamente, tal vez haya sido menospreciada.

Fi, la fracción de posibles mundos habitados por especies inteligentes, tal vez necesitaría una acotación mediante la colaboración interdisciplinar. Tal vez Frank Drake, al construir su ecuación, no tuvo en cuenta que ese parámetro podría ser mejor comprendido desde puntos de vista complementarios: los de evolucionistas, climatólogos, paleontólogos, antropólogos o psicólogos tal vez tuvieran una guía al respecto. Pensando en el único ejemplo que conocemos, nosotros, mirar desde nuestra atalaya el camino de improbabilidades, cataclismos y azares que han llevado a nuestra especie, podría ser interesante.

Desde la incierta historia de las extinciones masivas que sufrió la Tierra, pasando por la predominancia de mamíferos posterior a la extinción causada por el meteorito de Chicxulub al origen del género homo, muchos acontecimientos inciertos se han sumado en el camino hacia la vida inteligente en la Tierra. Por poner algunos ejemplos de tal azar, la teoría de la selección r/k de 1964 (MacArthur & Wilson, 2001) ha demostrado una enorme influencia (Heylighen & Bernheim, 2004) y sugiere la aparición de primates evolucionados en ciertos nichos improbables. Conductas como el consumo de carne y tuétano propio de las especies homo, que permitió el camino a una mayor especialización y un mayor volumen encefálico en especies previamente de dieta vegetariana (Milton, 2003) o el sencillo resultado evolutivo del caminar erguidos por parte de las especies homo, que liberaron las manos, permitieron la creación de herramientas, y por ende la cultura y la civilización (Washburn, 1960)[22], ciertas circunstancias físicas en principio aleatorias e inciertas han llevado a nuestra existencia.

El autor no obvia que ha hecho una cierta selección sesgada al respecto, pero los ejemplos elegidos no hablan de otra cosa que de la alta improbabilidad de nuestra existencia como especie autoconsciente. De las especies homininae, que incluye a los seres humanos, 7 millones de años de evolución han llevado a la extinción de todas menos una: la nuestra. Ello es suficientemente explícito en términos de las bajas posibilidades de nuestra existencia (Martín-Francés, 2023). Más adelante se abundará en ello, y se indicará literatura que contempla ese casi inaprehensible camino laberíntico que ha llevado a nosotros.

De no ser por ellas ¿Viviríamos en una civilización de marsupiales, o de dinosaurios? Entre el sinnúmero de acontecimientos improbables que han llevado a nosotros se cuentan otras circunstancias físicas y ambientales más difíciles de aprehender y más aún de observar en mundos remotos: un manto líquido en un planeta de tipo terrestre en zona de habitabilidad que permite la tectónica de placas y la aparición de campos magnéticos protectores del viento solar ionizado o los rayos cósmicos (que por otro lado, a pesar de su atenuación, contribuyen a las mutaciones del ADN, en ocasiones constructivas), o el surgimiento de una capa de ozono que coadyuve a retener los rayos solares ultravioletas, un sinfín de circunstancias (que el autor ha enumerado sin ánimo riguroso) han dado lugar a nuestra especie. Tal vez *Fi* podría ser aproximada con algo más de conocimiento de causa con una aproximación multidisciplinar, con la ayuda de expertos en ciencias de la vida y la evolución que se complementen. Con todo, esta visión seguiría siendo antropocéntrica. No sabemos sin lugar a dudas si otras formas de vida

---

[22] Si bien este principio ha sido contestado posteriormente, este concepto es útil al autor como ejemplo de consecuencias inesperadas de un proceso evolutivo ciego a priori, que podrían resultar remotas desde el punto de vista heurístico.

también necesitan de la capa de ozono, o del campo magnético que nos protegen, por lo que probablemente extraer un valor de *Fi* sin el antropocentrismo sea mucho más difícil de lo que aquí sugiere el autor.

Se calcula que la especie humana lleva sobre la Tierra unos 200.000 años (Gale & Hill, 2020). La primera ciudad surgió hace unos 3.500 años (Sjoberg, 1965). Hemos vivido por tanto en ciudades un 1,75% de nuestra existencia como especie. Durante la inmensa mayoría del tiempo que la especie humana ha pasado sobre el planeta hemos sido cazadores recolectores. Puede que en otras posibles sociedades exoplanetarias, la condición nómada nunca se pierda ¿Se puede constituir en esas condiciones una civilización? Supongamos que sí ¿Entraría esa civilización entre las "civilizaciones comunicativas" que buscamos? Sabemos poco, prácticamente nada, de cómo pueden discurrir las azarosas historias de las civilizaciones. Sólo tenemos un ejemplo desde el que extrapolar. En cierta medida nos ocurre como a Blas Cabrera, cuando su experimento para detectar monopolos pareció funcionar. Nadie ha podido hasta hoy duplicar el hallazgo[23]. Un solo evento en ocasiones no sirve de mucho, mucho menos como ejemplo.

En el futuro, seguramente, podremos realizar simulaciones de posibles escenarios de nacimiento de la vida y / o la inteligencia en escenarios exoplanetarios. Todavía no sabemos lo suficiente, y hay demasiados grados de libertad ante nosotros, pero como suele ocurrir en ciencia, puede que sólo sea cuestión de tiempo y que con el paso de los años

---

[23] El autor quiere recordar en este modesto texto la saga de los Blas Cabrera, cuyo patriarca, nacido en Arrecife de Lanzarote en 1878 (Sánchez Ron, 2021), fue uno de los físicos más importantes de su tiempo, lamentablemente olvidado en nuestros días. El nunca confirmado experimento de su nieto en 1982 en el que un monopolo magnético habría atravesado el detector construido con un superconductor a baja temperatura que había diseñado en la Universidad de Stanford (Cabrera, 1982) es aún todo un misterio. Probablemente nunca sabremos si el fenómeno ocurrió realmente, a no ser que en algún lado se descubran por fin los evasivos monopolos y se confirme efectivamente aquella detección.

seamos capaces de simular esos escenarios como actualmente se simulan la dinámica de fluidos, las fusiones de galaxias o la evolución cósmica.

Todo ello sin olvidar que una de las posibles respuestas a la búsqueda que recorre modestamente este trabajo es la que plantea la hipótesis de la Tierra Rara ("Rare Earth"), relacionada con el principio antrópico (Ćirković, 2002): la existencia del universo podría ser así para que haya una probabilidad igual a uno de que exista vida inteligente en el universo: nosotros. (Musso, 2001). Todo ello ha llevado a conclusiones progresivamente más extrañas, como el *fine tuning* de las constantes naturales, orientadas hacia conclusiones generalmente teleológicas (Collins, 2004) bastante arriesgadas, y que en ocasiones serían más bien asunto de la Filosofía o la Filosofía de la Ciencia.

Con todo, el autor no renuncia al valor conceptual que la ecuación de Drake puede traer consigo, en contra de una mayoría de opiniones, que no obstante se comentarán en el próximo apartado, siempre, eso sí, desde un punto de vista constructivo.

A lo largo de los años se han propuesto escenarios con diversos valores de *Ne, Fl, Fi, Fc* y *L*, así como nuevos intentos de definición global de la ecuación como Shoultz, 2019, que llevan a variados valores de *N* que pueden ser admitidos a discusión, caso de Konesky, 2009, y se han intentado aproximaciones estadísticas para hallar alguna respuesta posible, como Golden, 2021 y especialmente artículos como Maccone, 2010, 2012, que plantean los intentos de sistematización estadística más serios, tanto de la ecuación de Drake como del significado matemático de la paradoja de Fermi, sin olvidar intentos de estandarización (Molina, 2019).

Así, la aproximación del Dr. David Kipping es tal vez la más interesantes (Kipping, 2020) y sirve de original corolario a toda una corriente de pensamiento al respecto. El autor abundará en ella posteriormente.

Incluso se ha propuesto añadir una nueva variable a la ecuación, Fm, llamada el METI Factor, que contempla la cantidad de posibles civilizaciones que toman conscientemente la decisión de enviar señales-faro que alerten a terceros de su presencia en el universo (Zaitsev, 2013), como hemos hecho los seres humanos en varias ocasiones (véase el capítulo previo dedicado a METI).

3.2.3 40 años después. Una relectura de la ecuación de Drake. La propuesta de Jill Tarter

Volvamos al proceso histórico, del que nos hemos desviado levemente. Grandes nombres vinculados con el mismo proyecto SETI han propuesto soluciones intermedias a la ecuación y posibles valores para sus variables. De hecho hay decenas de artículos en este sentido, de entre los que destaca Frank & Sullivan, 2016. El intento más sólido hasta hace poco, y a la vez consecuente con el estado de cosas en el momento de su publicación, lo realizó la astrónoma Jill C. Tarter, uno de los pilares del proyecto SETI, proponiendo una revisión de la ecuación (Tarter, 2001), que llevaría a una expresión más concisa:

$$N = Rc \times L \qquad (2)$$

En ella, *Rc* expresaría directamente la ratio de aparición de civilizaciones comunicativas en la galaxia, siendo *L* el valor ya discutido de su probabilidad promediada de supervivencia, lo que llevaba a una simplificación directa de la ecuación de Drake prescindiendo de algunas variables que, por conocidas, no añadirían gran cosa a la búsqueda de *N*, tal es el caso de R^*, una cifra que, aunque la conocemos actualmente, poco puede indicarnos de conciso para determinar *N*. Esta es una de las fallas de la ecuación de Drake, posteriormente discutida de nuevo por Kipping, y es que algunas de sus variables pueden no ser estrictamente necesarias para la búsqueda del valor de *N*. Así Tarter, en el artículo citado, decide prescindir de esas variables que podrían considerarse como superfluas según su aproximación, para hacer una supersimplificación de la ecuación propuesta por Drake en 1961, en el año 2001, al cumplirse 40 años de aquella legendaria reunión de Green Bank.

En ese mismo artículo, Tarter cita al propio Drake para estimar un valor de Rc de entre 10 y 100 civilizaciones por año como límite superior. Al mismo tiempo, Tarter razona que *N* ha de ser necesariamente un valor grande, si queremos tener una posibilidad razonable de poder "oír" a alguna civilización en radio en un período de tiempo razonable de observaciones.

El paso del tiempo, sin desmentirla necesariamente, mantiene por ahora un silencio terco de radio. Tal vez *N* no sea tan elevado como nuestro optimismo humano nos ha hecho pretender. Un interesante artículo de Gren David Brin intenta entender las razones del aparente silencio que hemos recibido hasta ahora en las observaciones de SETI y otros proyectos, en un ejercicio multidisciplinar digno de encomio (Brin, 1983).

3.2.4 60 años después. Un replanteamiento sólido de la ecuación de Drake. La propuesta estocástica de David Kipping

Se ha criticado de la Ecuación de Drake el abuso de un concepto antropomórfico de la vida inteligente en otros planetas; efectivamente, en cierta medida sus parámetros parecen pasados por un (tal vez inevitable) "filtro humano". Sólo conocemos una especie inteligente: la nuestra, un sólo mundo habitado: la Tierra, y las ramas evolutivas que han llevado a nosotros, y a las diversas soluciones vitales que pueblan nuestro planeta, a priori no tienen por qué ocurrir en otros mundos. Pero ¿Es posible intentar huir en los criterios de estimación de esa antropomorfización? El autor volverá a esta pregunta al final de este trabajo. En ese sentido, la propuesta iniciada por David Kipping para aproximar *N* es un revolucionario intento de ello, aproximando *N* de forma probabilística y basando el concepto en el proceso vida-muerte de las posibles civilizaciones que habiten en otros mundos.

Este, que en cierta medida parte del trabajo pionero simplificador y revisionista de Jill Tarter, 2001, propone una aproximación estocástica al cálculo, mediante esta ecuación (Kipping, 2020), que el autor ha querido llamar Ecuación de Kipping:

$$N = \Gamma c \times L \quad (3)$$

Donde Kipping propone, en vez de la aproximación de Drake, tal vez demasiado vaga y no tan pensada para dar cifras concretas, en todo un operador numérico que sí de respuestas numéricas al valor de N. Al mismo tiempo, Kipping propone como corolario que el principio copernicano en el que se ha basado y se basa la búsqueda de inteligencia extraterrestre, el "principio de mediocridad" enunciado originalmente en Von Hoerner, 1961, podría estar fallando miserablemente. Puede que no seamos tan mediocres como pensábamos.

Kipping aproxima con una función de Poisson el modelo que propone, bajo el cual puede modelar la probabilidad de existencia de civilizaciones exoplanetarias. La figura 6 resume su aproximación.

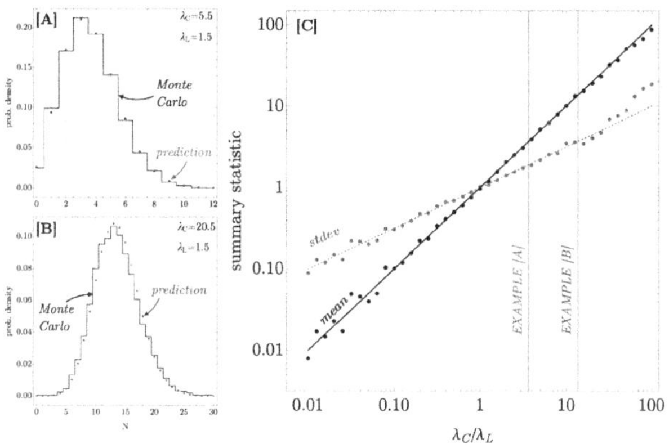

Figura 6. Gráficas propuestas para el modelo presentado por Kipping (Kipping, 2020).

En la figura 6 los paneles etiquetados [A] y [B] muestran el histograma del número de civilizaciones presentes en una simulación mediante el método de Monte Carlo, con los valores de las variables aleatorias indicados. Las predicciones del modelo se muestran con los puntos en color. En la gráfica etiquetada [C] se muestran la media y la desviación típica con otros conjuntos de variables, mostrando las líneas roja y azul las predicciones obtenidas en las gráficas de la izquierda.

Kipping en su escrito hace, como se adelantaba más arriba, una interesante deducción, cuando expresa como corolario de su aproximación estocástica el fracaso del Principio Copernicano, también conocido como Principio de Mediocridad, que viene a afirmar que nuestra posición en el universo y en el tiempo no tiene nada de especial, que no ocupamos un lugar favorecido. Kipping demuestra, utilizando la probabilidad bayesiana del valor de N en función de la existencia de autoconsciencia, que nuestra sola existencia no demuestra nada, y que no nos permite llegar a afirmación alguna, al contrario de lo que enuncia el viejo principio. El teorema de Bayes nos permite actualizar nuestras evidencias sobre un valor de probabilidad de un evento en función de las observaciones y datos. Es una herramienta poderosa a la hora de predecir ocurrencias de eventos en función de otros.

El punto de originalidad más importante de la propuesta de Kipping[24] es cómo aproxima su análisis estocástico: implementa el concepto de nacimiento y muerte de civilizaciones, mediante:

$$\mathrm{E}[N] = \sum_{i=0}^{\infty} \delta n (1 - \delta d)^i = \frac{\delta n}{\delta d}. \quad (4)$$

[24] Kipping reconoce en las citas iniciales de su artículo que usa como punto de partida algunos artículos previos, tales como Forgan, 2011; Maccone, 2010; Glade et al. 2010, 2012 o Simpson, 2016. Existen no obstante otros ilustres precedentes a sus consideraciones, como Raftery et al., 1988.

Donde E[N] es el número medio de civilizaciones existentes en un intervalo de tiempo infinitesimal determinado, δn es el número medio de civilizaciones nacidas en el citado intervalo, y δd el número medio de civilizaciones desaparecidas.

Así, Kipping define en la serie convergente (4) el proceso de creación-destrucción de civilizaciones en un modelo sencillo y estocástico. En ella, al basar el proceso en el número de nacimientos / extinciones, que son por definición procesos poissonianos, puede aproximar con esa distribución su propuesta, como se ve en la figura 6. Kipping indica finalmente que será más probable encontrar civilizaciones ya extintas que activas.

De esta manera David Kipping "rehace" la ecuación de Drake, originalmente considerada para manejar cuentas puramente aritméticas, redefiniéndola desde la estocástica, y dándole una nueva vida, con consecuencias apasionantes; todo un renacimiento que nos lleva a comprender cómo la intención seminal de Drake sigue plenamente vigente, gracias a formas de pensamiento diferentes, como es el caso.

Una interesante aproximación es la de Grimaldi & Marcy, 2018; que utiliza la herramienta bayesiana para determinar que, a pesar de no haberse recibido por parte de SETI y proyectos análogos, señales claras de emisores inteligentes en un radio de 1000 años-luz de nuestro planeta, ello es consistente con que alrededor de 100 señales de ese tipo aún no descubiertas estén llegando a nosotros desde distancias mayores en nuestra galaxia, siempre y cuando esas señales hayan sido emitidas por antenas dotadas de al menos una potencia comparable a la de radiotelescopios como el de Arecibo. Esa cantidad podría aumentar, según los autores, si se consideran otros parámetros como la longevidad de las señales (posiblemente) emitidas y la distancia de los (posibles) emisores, a medida que mejore nuestra capacidad de detección.

3.2.5 Simplificando la ecuación de Drake para la búsqueda de vida no necesariamente inteligente

En 2021, Karl-Florian Platt publicó un interesante artículo crítico con respecto a la ecuación de Drake en el que proponía un reexamen de la misma (Platt, 2021) buscando cifras realistas de la ciencia existente y extendiendo la disquisición a lunas de exoplanetas, manteniendo el concepto de N como el número de civilizaciones extraterrestres comunicativas. El Tutor de este trabajo, D. Jorge Lillo-Box, sugirió al autor que explorara un concepto más simplificado de la ecuación, centrado en N como el número de planetas que alberguen vida no inteligente.

Examinada la ecuación de Frank Drake y sus zonas de sombra, podríamos intentar aproximar una solución más sencilla, como se comenta en el párrafo anterior. Y la más trivial es usarla como guía para la búsqueda de vida extraterrestre. Una propuesta interesante a juicio del autor sería por tanto la simplificación y reducción de la ecuación de Drake a la mera existencia de vida extraterrestre, ya que poco a poco vamos teniendo más y más datos que nos darían valores aproximados de las variables implicadas, analizando las consecuencias de todo ello. El proceso nos permitiría prescindir de las variables más problemáticas comentadas anteriormente: Fi, Fc y L, quedándonos con la expresión:

$$N = R^* \text{ x } Fp \text{ x } Ne \text{ x } Fl \; (5)$$

Como se ha indicado previamente , los valores de Fp y Ne poco a poco van siendo más claros y podemos aproximarlos actualmente con cierto rigor. Al mismo tiempo, el valor de R^*, como hace David Kipping, podría ser prescindible, ya que partimos de algunas hipótesis: el valor de N sólo se aplica a sistemas planetarios con planetas y un alto porcentaje de los sistemas planetarios parece tener planetas (Kipping, 2020). De ahí podríamos simplificar esta “Ecuación de Drake para la vida no inteligente”, quedando así reducida a tres variables:

$$N = Fp \; x \; Ne \; x \; Fl(6)$$

Teniendo, como se indica anteriormente, más determinados *Fp* y *Ne*, nos queda *Fl* (la fracción de esos planetas en los que la vida podría existir realmente) para obtener un índice que nos indique la posibilidad de aparición de vida extraterrestre, no necesariamente inteligente, en la galaxia. Las cifras de partida del encuentro de Green Bank fueron de *Fp* = 0.5, *Ne* = 5, *Fl* = 1) según Drake & Sobel, 1992) y las algo más actuales llevaban a *Fp* x *Ne* = 0.4 y *Fl* = 1, según Schilling, 1998. El autor volverá a ellas al final de este capítulo.

Con los avances presentes y futuros de la exoplanetología observacional, no resultaría descabellado afirmar que en un período de menos de 20 años, probablemente encontremos exoplanetas con biomarcadores confirmados más allá de toda duda. Y esto ya implicará además el hecho de que, conociendo esos datos podríamos obtener una inferencia bayesiana con respecto a la frecuencia de la fenomenología de la existencia de vida en la Vía Láctea, toda vez que podríamos afirmar que N>2, lo que evitaría el conflicto enunciado por Kipping, en el caso de la vida exoplanetaria, con respecto al Principio Copernicano (García & del Busto, 1989)[25], que comentaremos más adelante. De esta manera, el probable descubrimiento futuro de al menos un planeta con biomarcadores inequívocos supondría una revolución en términos de inferencia estadística con implicación determinista, con respecto al índice de posibles planetas habitados en la Vía Láctea.

Alrededor de la probabilidad de la existencia de vida no inteligente exoplanetaria con uso de herramientas bayesianas gira un interesante artículo de Chen & Kipping, 2018, que, inspirado por el formalismo bayesiano de Spiegel & Turner, 2012, obtiene interesantes conclusiones a partir de experimentos numéricos usando los datos conocidos en

---

[25] El Principio Copernicano, definido en 1949 por el astrofísico Hermann Bondi, se denomina también Principio de Mediocridad; se suelen utilizar los dos términos indistintamente, aunque el segundo se ha popularizado en la filosofía de la ciencia (Moulines, 2015). Viene a decir que no existen observadores privilegiados para un fenómeno determinado, y que por ende no hay nada especial en ningún momento histórico.

términos de la aparición de la vida en la Tierra y la posibilidad de extrapolarlos a otros sistemas planetarios. Con todo, de la misma manera que Spiegel y Turner, Chen y Kipping asumen que los resultados de sus simulaciones son altamente dependientes de los valores iniciales, que no dejan de ser arbitrarios en términos exoplanetarios, asumiendo que se utilizan desde una perspectiva humana. El surgimiento temprano de la vida en la Tierra ha sido el origen de un sinnúmero de artículos especializados que abundan más en este asunto, tales como Davies & Lineweaver, 2005; Scharf & Cronin, 2016 o Davies (2003), en el que el autor, un veterano en el estudio de la búsqueda de la vida inteligente extraterrestre, hipotetiza el posible origen marciano de la vida terrestre. Con todo, como se comenta anteriormente, al menos esta propuesta de ecuación de Drake simplificada puede basarse en cifras que ya la comunidad científica asume, cosa que no ocurre con las variables de la ecuación original de las que hemos prescindido en esta pequeña discusión.

Kipping y Chen deciden acotar los posibles valores del número promedio de eventos esperados por unidad de tiempo o de espacio en términos de advenimiento de la vida inteligente, la variable λ de una distribución estadística, mediante la hipótesis de posibles futuros experimentos, partiendo de tres puntos que permitan constreñir sus valores, a saber:

-Un primer valor previo para el tiempo en el que la vida surgió en la Tierra, que los autores denominan *Tobs*.

-Un valor tope para la aparición de la vida a partir de sustancias no bióticas, que llaman *λMax* (en un proceso similar al creado en el famoso experimento de Miller & Urey, 1959, y un valor mínimo *λMin* que fijan en 10^{-3} Ga^{-1}.

-La detección no ambigua de vida en una muestra de *N* exoplanetas de tipo similar al terrestre (o sus exolunas), o la inexistencia de tal detección.

-La cantidad de planetas donde se detecta vida M en relación con el tamaño total de la muestra de exoplanetas N, que lleva a la razón M/N.

Basándose en esos tres puntos de limitación, Kipping y Chen proponen un ejercicio bayesiano y discuten los tres escenarios posibles. Siguiendo la hipótesis de Spiegel y Turner, inciden en que el comportamiento (uniforme en el tiempo) del surgimiento de la vida en un planeta seguiría una distribución de Poisson. Entonces determinan λ como parámetro de Poisson, que describiría la media de ocurrencias de *N* en un intervalo determinado de tiempo, que eligen sea 1 Giga-año[26]. Si λ tomara el valor de 4, ocurrirían 4 fenómenos de génesis de la vida a lo largo de ese periodo de tiempo. Por tanto *N* es en realidad una distribución de Poisson (λ), considerando un valor de λt para las ocurrencias en un intervalo de tiempo. Esto daría una probabilidad de *N* con esta nomenclatura:

$$\Pr(N|\lambda, t) = e^{-\lambda t}\frac{(\lambda t)^N}{N!}. \qquad (7)$$

A partir de aquí Kipping y Chen siguen su discusión definiendo la distribución de Poisson resultante y experimentando con escenarios diversos. Prevén varias expectativas posibles:

-Expectativa Optimista: La posibilidad de que la vida sea común y esté en todas partes, lo que llevaría a una expectativa de $M/N \approx 1$. Ello implicaría un escenario con una alta tasa de éxito en un sondeo de la muestra de exoplanetas de tamaño N.

-Expectativa Pesimista: El caso opuesto, que la vida sea muy rara. Cualquier detección de vida en otros planetas sería entonces un acontecimiento sorprendente, lo que llevaría a un menor ratio M/N.

La elección de λmin afectaría significativamente el rendimiento esperado. Usando un valor particular de λmin (el anteriormente comentado de 10^{-3} Ga^{-1}), el ratio M/N esperado tendería a ser alto. Esto llevaría a una situación en la que los experimentos con $M/N \approx 1$ proporcionarían

[26] El autor usará la abreviatura *Ga* en este texto para designar la unidad Giga-año.

un aumento de información mínimo sobre la tasa de biogénesis λ, que se calcula según diferentes tamaños de muestra de exoplanetas (N con valores 10, 50, 200 y 1000) y con una proporción fija de M/N = 30%.

Con la proporción de M/N indicada, λ resultaría tener un valor de 0.3/5 Ga^{-1}. En consecuencia, las distribuciones posteriores para el parámetro λ asociadas con los diferentes tamaños de muestra N alcanzan su punto máximo alrededor de 0.06 Ga^{-1}, es decir, la probabilidad de encontrar un planeta con vida sería de uno por cada 16,6 Ga, aproximadamente. Por poner un valor comparativo, la Vía Láctea tiene una edad estimada de 10 a 12 Ga (Kalirai, 2012). El autor volverá a este escenario unos capítulos más adelante.

Si bien en los artículos de Kipping y Chen y el original de Spiegel y Turner, se orientan hacia la disquisición bayesiana indicada para el análisis de las probabilidades condicionadas del origen de la vida en la Tierra como paso inicial (Kipping y Chen indican apropiadamente que la distribución de probabilidad de λ es en principio totalmente desconocida), en este apartado el proceso que proponía el autor al inicio de este capítulo es más humilde y sólo maneja tres variables de la Ecuación de Drake de forma paramétrica, utilizando tres valores de los que, como comentamos anteriormente en la discusión, son ya conocidos con cierta exactitud dos, pero ignoramos todavía uno. Con las cifras mostradas anteriormente en este mismo capítulo, el autor ha creado la tabla que se muestra en la Figura 7. En función de posibles valores de *Fl* (fracción de planetas en los que la vida podría existir, , que en este texto el autor restringe a los exoplanetas observados en zona de habitabilidad), las previsiones usando los valores calculados en Green Bank y los actuales (llamados "*N* actual" en la tabla), dan resultados dispares. Recordemos que en el caso discutido en este capítulo, *N* nos daría el número de planetas en la Vía Láctea con vida no inteligente.

El autor ha añadido dos columnas con dos escenarios propios. El primero multiplica por 0,3 el resultado, considerando que en el Sistema Solar hay tres planetas en zona de habitabilidad (Venus, la Tierra y Marte, por orden de proximidad al Sol), y de ellos por ahora sólo hay vida en uno de cada tres. Finalmente añade un escenario más restrictivo que multiplica por 0,1 el resultado. En 2023 hay un censo de casi de 5500 exoplanetas (Langeveld, 2023; Akeson et al., 2017), de los cuales entre poco más de una docena en la aproximación más pesimista, según afirmaciones del astrónomo Michaël Gillon[27] en O'Callaghan, 2019, y 361 podrían estar en condiciones de albergar vida (Hill, 2023; NASA, 2023) para el caso de la Misión Kepler[28]), pasando por los 34 +/- 14 que ofrecía hace una década Traub, 2012, o los 61 actualmente catalogados a la fecha de la redacción de este trabajo en el Habitable Exoplanets Catalog (PHL @ UPR Arecibo - Méndez, A., 2023); los valores comentados de *Fl* están en negrita en la tabla.

[27] En 2017 su equipo descubrió siete planetas con tamaños semejantes a la Tierra en el sistema TRAPPIST-1 (Luger et al., 2017).

[28] Puesto en órbita por la NASA en 2009, el telescopio espacial Kepler realizó una misión centrada en la búsqueda de exoplanetas, con especial atención hacia aquellos de tamaño comparable al de la Tierra que se encuentren dentro de la zona habitable de sus respectivos sistemas. Esta actividad se conoce como la "misión Kepler". Tras su etapa principal, que finalizó en agosto de 2013, se inició la fase extendida denominada K2 en noviembre del mismo año. Sin embargo, en octubre de 2018, el telescopio agotó su suministro de combustible para el sistema de control a bordo, y la NASA anunció el final de su actividad (Batalha, 2014). La iniciativa Kepler fue la contraparte estadounidense del proyecto europeo Corot, lanzado en diciembre de 2006 y que se mantuvo en activo hasta 2013 (Degroote & Debosscher, 2011).

	Fl	*N* Green Bank	*N* Actual	*N* Fl*0,3	*N* Fl*0,1
	1	2,5	0,4	0,12	0,04
	2	5	0,8	0,24	0,08
	3	7,5	1,2	0,36	0,12
	5	12,5	2	0,60	0,20
	10	25	4	1,20	0,40
*1	**12**	30	4,8	1,44	0,48
*2	**34**	85	13,6	4,08	1,36
	25	62,5	10	3,00	1,00
	50	125	20	6,00	2,00
*3	**63**	157,5	25,2	7,56	2,52
	75	187,5	30	9,00	3,00
	100	250	40	12,00	4,00
	200	500	80	24,00	8,00
*4	**361**	902,5	144,4	43,32	14,44
*5	**390**	975	156	46,80	15,60

Figura 7. Valores de N *obtenidos según las asunciones de la reunión de Green Bank y los valores aproximados actuales, partiendo de diversos valores observacionales de* Fl *disponibles en las fechas de redacción de este texto.* Marcados en negrita: [1] O'Callaghan, 2019; [2] Traub, 2012; [3] PHL @ UPR Arecibo - Méndez, A., 2023; [4] Kepler – NASA, 2023.

Con todo, el número posible de planetas habitados cambiará seguramente en los próximos años, en cuanto nos lleguen las primeras noticias inequívocas de biomarcadores en exoplanetas, lo que en principio sólo debería depender (permítaseme el optimismo) de la mejora de nuestras capacidades tecnológicas y de las resoluciones para la observación exoplanetaria.

3.2.6 Una propuesta conceptual: Del "factor de escape" a los "mundos pecera"

De entre los artículos más especulativos, algunos plantean el inicio de búsquedas de artefactos surgidos de alguna civilización exoplanetaria, el autor entresaca Benford, 2021, que revisita Walters et al., 1980, y lo amplifica con perspectivas contemporáneas. Las aventuradas afirmaciones de artículos como estos pueden llevarnos a hacernos preguntas como: ¿Cuántas civilizaciones podrían lograr iniciar tales viajes? ¿Es realmente fácil o difícil iniciar viajes dentro de un sistema planetario, y más allá? Según nuestra corta experiencia, no es sencillo. Las complicaciones se suman y el entorno del espacio exterior es muy hostil y esterilizante (como rayos cósmicos, gamma, X, fulguraciones solares, alto vacío). ¿Podríamos decir algo sobre las posibilidades que tendría una civilización de salir de su planeta natal?

El autor, durante el tiempo de investigación bibliográfica del presente trabajo, llegó a dos escritos de Michael Hippke, 2018, 2019,[29] en torno a un interesante asunto, que apenas han tenido difusión, si bien resultan de gran valor a juicio de quien esto escribe, y que se centran en la posible relación entre la velocidad de escape de un exoplaneta y la posibilidad, o imposibilidad, para una posible civilización que lo habite, de escapar de él e iniciar, por tanto, la exploración de su propio sistema planetario.

En sus escritos, Hippke concluye que en planetas de tipo supertierra de hasta 10 veces la masa de nuestro planeta, sus posibles civilizaciones podrían escapar de ellos mediante cohetes de combustible químico, pero en el caso de masas planetarias mayores, no habría posibilidades ni ingeniería factible para ello. Otro artículo, este de Hebbeker, 2020, incide en este detalle citando el trabajo de Hippke y sugiere formas para los cohetes que puedan escapar de planetas con velocidad de escape mayor que la de la Tierra, indicando los límites logísticos que implican valores de velocidad de escape un poco mayores que el de nuestro planeta.

Cabe también citar un interesante artículo de Gonzalez, 2020, que valora la especial "suerte" en términos de azar probabilístico que ha tenido el Sistema Solar, y más concretamente la Tierra, que permiten

[29] El artículo de 2018, sólo localizable en ArXiv, parece una versión preliminar de la publicada en 2019 en International Journal of astrobiology, seguramente tras pasar revisión por pares.

los viajes espaciales dentro y fuera del propio sistema planetario del que formamos parte.

En la figura 8 podemos ver la relación que González hace entre la velocidad de escape y la masa de una supertierra.

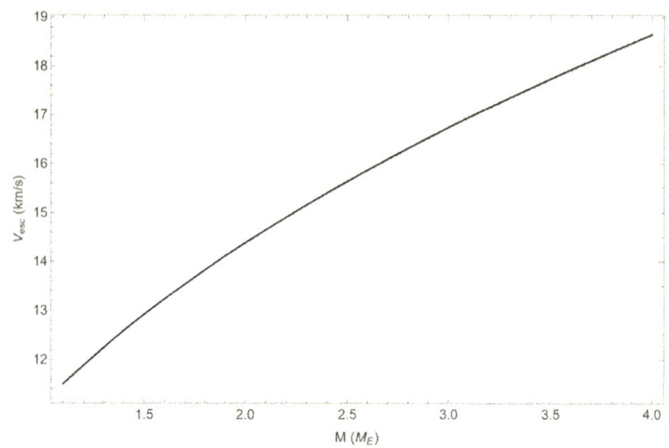

Figura 8. Relación de Velocidad de Escape y masas en función de la masa terrestre. (Gonzalez, 2020).

En su artículo, González además añade a la discusión el factor de la reentrada en el exoplaneta de una misión espacial, un valor también importante, que es similar a la velocidad de escape, pero con unas consecuencias térmicas que son proporcionales al cuadrado de la velocidad de reentrada. Eso nos indica que todo exoplaneta con altas velocidades de escape también dará problemas para la reentrada, con retos añadidos a la hora de proteger las posibles naves espaciales con escudos térmicos, como especula Gonzalez, 2020. Todo ello ha llevado al autor a la siguiente discusión que propone sistematizar levemente el asunto.

La velocidad de escape de un objeto planetario viene dada por la ecuación:

$$v_e = \sqrt{\frac{2GM}{r}}. \qquad (8)$$

La tierra posee una velocidad de escape de 11,19 Km/s, esto es, la velocidad mínima para poder escapar al cepo gravitatorio terrestre. El autor llama a esta velocidad *Vet*[30].

En el caso de un planeta como Júpiter con 318 veces la masa de la Tierra, podríamos estar en el caso de una Ve de aproximadamente 542 Km/s, 48 veces mayor.

Así, el autor propone el concepto de Factor de Escape de un Exoplaneta (*Fex*) para indicar esta dificultad añadida para una civilización exoplanetaria.

Este se obtendría dividiendo la velocidad de escape del exoplaneta (que llamaremos *Vex*) por la velocidad de escape terrestre (designada anteriormente como *Vet*), lo que nos llevaría a un valor en un rango determinado.

$$Fex = Vex / Vet \qquad (9)$$

En la tabla de la Figura 9 se muestran los cálculos de *Fex* de varios planetas, realizados con la ecuación (8) para distintos radios.

No se entra en la composición de los mismos para llegar a las masas indicadas (pueden ser planetas con preeminencia de hierro, silicatos, carbono o agua).

30 Vet = Velocitad de Escape Terrestre.

Masa (T)	Radio (T)	Vex (Kms/s)	Fex	Semáforo
0,6	1	8,67	,77	Subtierra
1	1	11,19	1,00	Isotierra
1,5	1	13,70	1,22	Isotierra
2	1	15,82	1,41	Supertierra
5	1	25,01	2,24	Supertierra
10	1	35,37	3,16	Supertierra
11	2	26,23	2,35	Supertierra
15	2	35,37	3,16	Supertierra
20	3	28,88	2,58	Supertierra

Figura 9. Comparativas de diversos planetas con distintas masas, radios, Velocidades de Escape (Vex) y Factores de escape (Fex), con un semáforo indicador de la facilidad para salir de esos cuerpos celestes para una eventual civilización que los habite.

De esta manera, teniendo en cuenta las propuestas sugeridas por Hippke en sus artículos, en el rango de *Fex* de [0,4 , 3] sería razonable que una civilización pudiera abandonar su planeta natal, como sugiere Hippke, 2019. El autor no entra en las consecuencias citadas por González en términos de requerimientos de escudos térmicos para la reentrada de eventuales misiones de civilizaciones exoplanetarias, pero sería un interesante asunto de estudio.

Valores inferiores a 0,4 de *Fex* pondrían en duda incluso la posibilidad de que el planeta en cuestión pudiera sostener gravitacionalmente una atmósfera o agua líquida, al menos con un radio similar al terrestre; en el caso de Marte, cuyos mares se evaporaron en algún eón pasado, su *Fex* es de 0,45, como se refleja en Haberle et al., 2001. Por su parte, valores superiores a *Fex* 3 harían improbable para los habitantes del exoplaneta la opción de realizar viajes espaciales: no serían capaces de abandonar el planeta usando una cantidad imaginable de combustible, ni una estructura de cohete viable soportaría las presiones que implicaría el proceso (Hippke, 2019), al menos con los materiales que conocemos, y como sabemos los límites para los materiales y la tabla periódica con elementos disponibles son los mismos, que sepamos, en cualquier lugar del universo. Podría ocurrir por tanto que una especie inteligente en esos planetas no pudiera viajar al espacio por imposibilidad física. Eso tendría consecuencias en su desarrollo.

¿Podría un *Fex* alto influir en la longevidad de una civilización? De la misma manera que podríamos estar buscando con unos criterios demasiado antropocéntricos la existencia de inteligencias extraterrestres, y la ecuación de Drake original sería un reflejo de ello, también podríamos extender a factores ambientales la posibilidad de lo que definimos como una civilización extraterrestre *comunicativa*. El concepto de posibles mundos que no podrían o no habrían tenido oportunidad de intentar el viaje espacial por imposibilidad física lo ha bautizado el autor como "mundos pecera", que desarrollará brevemente en el siguiente apartado.

Volviendo a Gonzalez, 2020, el artículo añade además la complicación extra de que un sistema exoplanetario también tenga una velocidad de escape propia que dificulte a una hipotética civilización escapar de él para iniciar la exploración interestelar, algo que ya había considerado previamente el artículo de Lingam & Loeb, 2018. En él, se hipotetiza que aparte de la velocidad de escape de un planeta, se puede modelar la velocidad de escape de un sistema planetario.

Como sabemos, las enanas de tipo M son las estrellas más abundantes en el universo, (Haqq-Misra, 2018), y no son a priori las más deseables para vivir en su vecindario (Lillo-Box, 2022), pues sus posibles áreas de habitabilidad están peligrosamente cerca de la estrella, exponiendo a los planetas que se encuentren en ellas a fulguraciones y radiación X, ultravioleta o infrarroja. Sin embargo esa opinión podría estar cambiando a la luz de nuevos descubrimientos, que sugerirían la posibilidad de detección remota de biomarcadores en planetas orbitando estellas de tipo espectral M, Gale & Wandel, 2017, que han sido bautizados con el acrónimo RDP (Red Dwarf Planets). Pero ¿Es posible que exista vida en esos entornos tan violentos y esterilizadores?

Como dato añadido a la abundancia de ciertos tipos de estrellas en la Vía Láctea, aunque la mayor parte de ellas son solitarias, con sistemas planetarios, un tercio de todas ellas, al menos, formarían binarias o sistemas más complejos de estrellas en órbita, como indica Lada, 2006. Precisamente de entre los sistemas binarios, aquellos que albergan planetas pueden ser un tercio, según simulaciones de Quintana & Lissauer, 2006. En una Vía Láctea dominada por estrellas de tipo M, un tercio de sistemas serían binarios, de los cuales dos tercios probablemente no tengan planetas.

3.2.7 Un ejemplo de mundo pecera

Hagamos un ejercicio de ciencia-ficción por un momento. Imaginemos una sociedad de un mundo pecera; por ejemplo, un mundo oceánico que pueda haber llevado a la existencia de una especie inteligente submarina, que podría haber llegado a desarrollar una civilización ¿Sería esa una "civilización comunicativa" dentro de los criterios de las ecuaciones de Drake y Kipping? En un mundo submarino imbuido en un fluido, como el agua o el metano líquido, en el que las señales de sonido pueden ser oídas a cientos de kilómetros de distancia, la comunicación entre individuos podría ser factible sin necesidad de aparatos de comunicación. También en un mundo acuático la electrónica, base de las telecomunicaciones, tendría dificultades para progresar como tecnología; los equipos debían de estar aislados continuamente del agua o del fluido oceánico. Podría ser que nunca surgiera una tecnología de telecomunicaciones en un mundo así, a pesar de poder albergar una civilización plenamente desarrollada. Esta civilización no sería "comunicativa" y no sería contemplada en la ecuación de Drake[31].

Pero esta ficción mental puede extenderse ¿En un sistema binario en el que siempre fuera de día (no tiene por qué ocurrir, pero asumamos ese escenario) y no se pueden ver las estrellas se podría desarrollar un deseo de exploración de un entorno planetario invisible? ¿Y en un mundo perpetuamente cubierto de nubes, que impiden ver "más allá" a sus habitantes? ¿O en una civilización submarina como la que el autor

[31] Un modelo teórico de planetas similares podría ser el planteado por Madhusudhan et. Al, 2021, que bautizan como "mundos hyceánicos" ("hycean worlds").

discutía antes, condenada a permanecer en los límites de su mundo oceánico? A todo esto se suma que probablemente las supertierras que tengan más de 2,2 radios terrestres serían difícilmente habitables por razones últimamente físicas (Alibert, 2014).

Merece cita aquí un artículo que tiene como autor principal a un doctorando de Abraham Loeb, Manasvi Lingam, en Lingam et al., 2023, que contempla una aproximación bayesiana buscando modelizar la posibilidad del advenimiento de inteligencias tecnológicas en lo que el autor ha bautizado en este capítulo como "Mundos Pecera"; planetas con mundos oceánicos interiores (al estilo de satélites jovianos como Europa, Ganímedes o Calisto[32]), que en el artículo bautizan como OBHs (Ocean-Based Habitats), con potencial alta abundancia en el universo frente a los planetas rocosos con océanos en superficie, que llaman LBHs (Land-Based Habitats), llegando a conclusiones interesantes: es improbable el surgimiento de inteligencias tecnológicas en entornos tipo OBH, al menos con los conocimientos de partida que usamos: la Tierra, un LBH, es el único ejemplo que conocemos del advenimiento de inteligencias tecnológicas. Imaginemos por un momento a una civilización en un mundo pecera que no pueda ver el cosmos que le rodea porque el planeta, o bien está perpetuamente cubierto de nubes, o porque la vida en ese mundo se ha desarrollado bajo un grueso casquete de hielo ¿Podrían desarrollar esos supuestos seres inteligentes una cultura que relacione los movimientos periódicos de su planeta en su sistema con acontecimientos en sus vidas? Carl Sagan, 1980, lo considera algo vital en el caso de la humanidad, que pudo lanzar las primeras hipótesis sobre el cosmos al poder ver las estrellas y los astros que nos rodean, y asociar los eventos periódicos (días, meses, cosechas) con eventos cósmicos (sol, fases lunares, constelaciones o eclipses) ¿Qué pasaría si una civilización no tuviera acceso a esa experiencia, tan poderosa para los humanos en su historia?

[32] En Saturno, Encélado también podría encerrar un océano subterráneo similar.

3.2.8 Emisores de radio tardíos

Si en nuestro caso apenas llevamos un 2,4% de nuestra historia conocida (muchísimo menos si consideráramos el tiempo de existencia de nuestra especie) emitiendo comunicaciones por radio al espacio exterior ¿podríamos esperar lo mismo de una civilización alienígena? ¿Incluso, como el autor planteaba anteriormente, podría nacer, progresar y extinguirse una civilización sin haber emitido un vatio de comunicaciones en radio? El autor considera que sí, y por ende deduce que el concepto de "civilización comunicativa" vuelve a ser, no sólo antropocéntrico, sino condicionado por un corto lapso de la historia civilizada de la Humanidad. En cierta medida estamos condicionados por el único ejemplo de civilización en el cosmos que conocemos: la nuestra, e impregnamos de prejuicios, conscientes o inconscientes, nuestros parámetros de búsqueda de otras inteligencias. El conjunto de civilizaciones exoplanetarias que pueda emitir radio podría ser un pequeño subconjunto del total ¿Esas posibles detecciones futuras serían de emisiones no pretendidas para ser detectadas? ¿O serían el equivalente a nuestros mensajes METI, pero enviados desde otro mundo[33]? ¿Existiría en otras civilizaciones exoplanetarias la necesidad de comunicar con terceros, o sería el eventual descubrimiento de señales algo accidental?. La búsqueda de señales radio de alguna manera habla más de nosotros y del estado del arte en la tecnoloía de comunicación humana cuando se concibió la búsqueda de civilizaciones extraterrestres, que de otra cosa. En el fondo nos estamos buscando a nosotros mismos.

Del mismo modo que las elaboraciones de Drake y Kipping parten de un modelo de civilización planetaria, el nuestro, el único que conocemos, podríamos considerar como añadido a lo anterior durante

[33] Novelas como "Contacto" (Sagan, 1985) o "La voz de su amo" ["Głos Pana"] (Lem, S. & Soriano, 1968-2017), ya citadas, parten de esa premisa para crear sus escenarios imaginarios: alguien en una civilización exoplanetaria envía un mensaje METI en busca de respuesta.

cuánto tiempo nuestra civilización existió sin usar telecomunicaciones vía radio, las que nos han hecho emitir radiación coherente hacia el espacio. A *grosso modo*, la primera civilización, por consenso, se sitúa hace unos 5.000 años, en Sumer, o 4.500 en Egipto (Roehrig, 2000). En cambio, el primer intento de hacer telegrafía se produjo en 1830 por Samuel Morse, y sin hilos en 1899 (Maver, 1912). La radio no empezó a emitir cotidianamente hasta 1910. Nuestros antepasados construyeron pirámides, catedrales y obras maestras sin emitir un vatio de radio al espacio. Y con todo, el uso del espectro electromagnético apareció en un momento muy concreto de nuestra historia, condicionado por descubrimientos y tendencias sociales y económicas previas: desde la revolución industrial, propiciada dos siglos antes por el nacimiento de la ciencia como tal y la explosión cultural del renacimiento, que logró escapar de los oscuros tiempos de los papas y los señores de la guerra medievales en occidente, al advenimiento de las ecuaciones de Maxwell en una pacífica granja escocesa, pasando por circunstancias históricas de cierta comodidad que permitía a amplias capas de la sociedad el explorar científica y prácticamente el espectro radioeléctrico (Marconi, Bell, Morse), en unas circunstancias económicas (el capitalismo occidental) muy concretas, con un concepto utilitarista de las comunicaciones. Si las cosas en el azaroso devenir histórico de la especie humana hubieran sido distintas ¿Habrían acontecido esas invenciones y los procesos culturales que las propiciaron?

¿Habría sido posible tal cadena de acontecimientos en una sociedad severamente teocrática, feudal o controlada políticamente, como una dictadura? Si el modelo de civilización de Sumer o Egipto se hubiera extendido por el mundo ¿se habría llegado a los mismos descubrimientos? El proyecto SETI nace en una sociedad de raíz cristiana, la norteamericana, en un concreto contexto religioso, filosófico, histórico y técnico que imbuyen sus conceptos fundacionales. Es interesante ver cómo desde otras culturas se puede ver ese proceso de manera crítica, tal es el caso del artículo de Binoy Pichalakkattu (2019), que observa críticamente SETI y METI desde una perspectiva hinduísta. Otro punto de vista interesante es el ofrecido por Traphagan & Traphagan, 2015, ofreciendo visiones no occidentales, próximas en este caso al budismo y al taoismo, de las iniciativas SETI.

Solemos vivir embebidos en, y por tanto cegados por, nuestro propio devenir histórico, religioso y cultural. Es un sesgo tal vez inevitable. En un cálculo grueso, llevamos emitiendo en radio un 2,4% de nuestra historia como civilización, usando de forma optimista la cifra de 1900 como primer uso de una transmisión electromagnética para el telégrafo sin hilos. Hemos sido una civilización según el consenso científico durante el 97,6% de nuestra historia sin emitir emisiones electromagnéticas. Por eso mismo, tal vez nuestro concepto de "civilización comunicativa" esté condicionado por el estado del arte actual. En cambio, con nuevos desarrollos como Internet, que en gran parte funcionan mediante cables submarinos, puede que nuestro promedio de emisión radio comunicativa disminuya radicalmente en el futuro, y no seamos tan "ruidosos" como ahora.

Hay una serie de artículos que ahondan en estas dudas, en esa posible incapacidad ontológica de la especie humana de buscar formas de vida inteligentes sin pasarlas por nuestro propio filtro, gran parte de ellos surgidos a lo largo de la última década, tal es el caso de Bohlmann & Bürger, 2018; Michaud, 2015 o Vakoch, 2016. Otros, inciden también en buscar modelos de distribución de posibles civilizaciones exoplanetarias utilizando parámetros condicionados en cierta medida por los reflejos macroscópicos de los devenires de sus "historias" locales; tal es el caso de Balbi, 2018, algunos presentan propuestas sin duda audaces pero especulativas en extremo, como la llamada "hipótesis de la trascendencia" de Smart, 2012.

Hasta ahora proyectos como SETI han buscado en un determinado rango de frecuencias, pero no hemos considerado la posibilidad de que otras civilizaciones hayan decidido emitir en otro tipo de formatos: microondas, infrarrojo o altas energías, como rayos X, según proponen Corbet, 1997; Carstairs, 2002 o Hippke & Forgan (2017), incluso mediante binarias de emisión de rayos X, a propuesta de Lacki, 2020, o gamma, como sugieren Corbet, 1999, o Holder et al., 2005, incluso en grandes haces como másers o púlsares, según proponen Harp et al., 2011. Si una civilización quiere intentar penetrar a través de capas y capas de medio interestelar (ISM) tal vez pensaría seriamente la posibilidad de emitir en infrarrojo (IR), como indica Townes, 1993. No conocemos a los posibles emisores, ni sus intenciones. Pero tal vez si una civilización quisiera dejar un rastro, un faro informativo que llegara a escalas cosmológicas, podría elegir otras frecuencias muy distintas a aquellas que estamos rastreando mayoritariamente en la actualidad, tal vez por mantener tozudamente una "forma de pensar radio", que era coherente con el estado del arte de la radiodifusión en 1961, pero que ahora podríamos examinar con un cierto criterio crítico. En cierta medida deberíamos de intentar "convertirnos" conceptualmente en los aliens que buscamos en otros mundos para entender lo que estamos buscando y cuán diferentes pueden ser de nosotros; así lo sugiere Cabrol, 2016.

También podrían existir civilizaciones en silencio de radio voluntario; bien es verdad que ello las excluiría de la definición de *N* en la ecuación de Drake (civilizaciones comunicativas), pero hagamos un ejercicio de imaginación al respecto. Tal vez en otras culturas tan ajenas a nosotros que no podemos ni imaginarlas, la famosa frase de advertencia de Stephen Hawking, citada por Smith, 2017, se haya llevado a su mayor extremo, y no quieran dejar pistas de su existencia ante eventuales civilizaciones ajenas a su sistema planetario. Conociendo la historia de la humanidad como la conocemos, nuestro atroz historial de genocidios, injusticias y salvajismo, a decir de Wilson, 2015, no parece que seamos una gente con la que se pueda sentir nadie seguro a la hora de decidir un primer contacto. Tal vez seamos una excepción en ese aspecto, o acaso la norma.

Afortunadamente, estamos constantemente investigando posibles tecnomarcadores distintos en los mundos que estudiamos y nuevas posibilidades que se descartaban hace sólo unos años ahora podrían ser factibles para las grandes *surveys* que hay en curso, o para la siguiente generación tecnológica. De esta manera, hasta la emisión de contaminación lumínica nocturna podría ser un tecnomarcador adecuado (emisión en visible o en frecuencias cercanas, tales como IR, que fuera inexplicable sino por actividad lumínica artificial); bien es cierto que este ejemplo es difícil de explorar en el tiempo presente, en que muchos exoplanetas representan apenas un píxel de información, a medida que se refine nuestra capacidad de observación, tecnomarcadores como el comentado estarán más al alcance de nuestras capacidades observacionales. Surge en los últimos años una corriente entre investigadores que sugiere la determinación de nuevos tecnomarcadores atmosféricos en exoplanetas, bautizada como CATS (Characterizing Atmospheric Technosignatures) liderada por Adam Frank en la Universidad de Rochester (Wright, 2022) o Andy Knoll (Lingam et al., 2023). Una interesante propuesta es la de Héctor Socas-Navarro, del Instituto de Astrofísica de Canarias (IAC), para la búsqueda de posibles ingenios orbitales en otros sistemas planetarios, como sugiere en Socas-Navarro, 2018, altamente dependiente del desarrollo de nuevas tecnologías de observación.

En este sentido cabe destacar la iniciativa Technoclimes 2020, un encuentro interdisciplinario esponsorizado por la NASA con la idea de concebir futuros estudios teóricos y observacionales de tecnomarcadores no radio. Se llevó a cabo en agosto de 2020[34] y llevó a varios artículos interesantes con propuestas tan radicales como apasionantes. Cabe destacar el artículo "Concepts for future missions to search for technosignatures" de Socas-Navarro et al., 2021, en el que los autores acuñan, con la asesoría de la lingüista María Ribes, el parámetro "Ijnoscala" ("Ichnoscale" en inglés) para determinar una escala que relacione ciertos tecnomarcadores con sus valores en la Tierra. Usando este concepto como guía, exploran posibles iniciativas futuras de exploración de tecnomarcadores no radio, tales como contaminación por producción

---

[34] Fue de alguna manera la continuación de una iniciativa de la propia NASA, el NASA Technosignatures Workshop celebrado en 2018, que ya iba indicando el interés de la agencia gubernamental norteamericana en tales asuntos (Gelino, 2018).

industrial, iluminación artificial en los lados oscuros de los planetas o láseres y artefactos espaciales, llegando a las Esferas de Dyson, y proponiendo conceptos de interés para el futuro, como radiotelescopios situados en la cara oculta de la Luna (gracias a la práctica ausencia en ella de contaminación de emisiones de radio humanas), o la modificación de misiones existentes, como IRAS, para detectar emisiones de infrarrojo excesivas, fruto de alguna actividad artificial en exoplanetas, o posibles misiones de intercepción de rápido despliegue para encuentros con objetos interestelares que crucen nuestro sistema solar. Enormes posibilidades a explorar, eso sí, en el futuro.

3.2.9 Una nueva vertiente de trabajo: la IA. Tres leyes de la aplicación de la IA para la búsqueda de Inteligencias extraterrestres

SETI ha implementado diversas estrategias de uso de la Inteligencia Artificial y recientemente los primeros resultados se han ido publicando. Por ejemplo, la localización de ocho señales altamente prometedoras utilizando el histórico radiotelescopio de Green Bank, con una colaboración entre SETI y Breackthrough Listen (Ma, 2023). En la publicación se anuncia que en un *survey* previo obtenido en el proyecto Breakthrough Listen (y analizadas por el procedimiento tradicional de SETI[35]) de 820 estrellas cercanas a partir del catálogo de Hipparcos, analizado con técnicas de *deep learning*, se han hallado señales que sugerirían su procedencia de posibles civilizaciones comunicativas. Las ocho señales de interés no se han repetido hasta ahora, como ha ocurrido en otras ocasiones desde la clásica señal "Wow!". Con todo, el uso de la

[35] SETI usa un software propio, turboSETI (Enriquez & Price, 2019), que ha pasado por múltiples versiones a lo largo de los años, para hacer esos menesteres, sirviendo para elegir las señales más prometedoras y descartar las menos. En el caso de las analizadas por Ma y su equipo, ya habían sido estudiadas con turboSETI.

IA abre nuevos caminos a la detección de señales prometedoras y este proceso no ha hecho más que empezar (Gale et al., 2020). Es de esperar que las técnicas de IA se vayan sofisticando y mejorando, llevándonos seguramente a interesantes resultados. Las observaciones usadas por Ma y sus colaboradores se obtuvieron en el telescopio Robert C. Byrd en Green Bank; una historia circular que regresa al lugar donde Frank Drake lo empezó todo en 1960 con su Proyecto Ozma. Casos similares de utilización de técnicas de *deep learning* para análisis de señales SETI son el documentado por Nanda & Santhi, 2019, o el propuesto por Xiangyuan Ma et al., 2023, sobre una muestra de 820 estrellas cercanas.

Con todo, la IA puede además llevarnos, en un futuro no lejano, a conocer criterios de búsqueda no antropocéntricos que puedan coadyuvar al proyecto de localización de inteligencias extraterrestres. Tal vez esa sea la aplicación real más fructífera de la IA en el proceso de la búsqueda de inteligencias exoplanetarias; la concepción de estrategias que pudiéramos calificar como "no humanas", exentas de alguna manera de nuestro filtro antropomorfizador, sobre el que el autor ha insistido en este texto y que otros han tratado con mucha mayor profundidad y conocimiento (Melka & Schoch, 2020). Pero para discutir esto hemos de introducir algunos conceptos, que se enumeran a continuación en una suerte de "tres leyes de aplicación de la IA a la búsqueda de inteligencia extraterrestre"[36] que se proponen a continuación:

[36] El autor hace aquí homenaje a las conocidas "Tres leyes de la robótica" enunciadas por el escritor de ciencia-ficción y divulgador científico Isaac Asimov (1920 - 1992), concebidas inicialmente para su relato "Círculo vicioso" ("Runaround"), publicado en la revista Astounding Science Fiction en marzo de 1942 y posteriormente en su antología "Yo, robot". Con todo, se atribuye a John W. Campbell, su editor, el haberle ayudado a concebirlas, tras haber leído Asimov un cuento que introducía un germen para la primera de ellas, "Adam Link's Vengeance", 1940, escrito por los hermanos Earl y Otto binder en la revista Amazing Stories bajo el seudónimo Eando Binder (Asimov, 1941).

a) Desantropomorfizar los criterios de búsqueda en SETI y los criterios de mensaje en METI, eliminando cualquier sesgo humano y considerando una amplia gama de posibles formas de comunicación extraterrestre.
Esta ley se centra en evitar los sesgos y limitaciones humanas en la búsqueda y el análisis de señales extraterrestres. La inteligencia artificial puede desempeñar un papel crucial en este proceso al permitir un enfoque más neutral y objetivo. Al tratar de eliminar de alguna manera los sesgos humanos (algo que debe definirse, ya que toda IA debe entrenarse basándose en el conocimiento humano), los investigadores pueden considerar una mayor variedad de formas de comunicación extraterrestre y evitar descartar señales que no se ajusten a los criterios establecidos por nuestra propia comprensión limitada. Porque tenemos sesgos, muchos de ellos inconscientes.

b) Explorar y comprender las formas de comunicación que podrían existir en otros lugares del universo, incluso aquellas que difieren de nuestra propia naturaleza y comprensión.
Esta segunda ley resalta la importancia de la comprensión de ciertas formas de comunicación que pueden ser completamente diferentes a lo que conocemos. La inteligencia artificial puede ser una herramienta extraordinariamente poderosa para analizar y descifrar patrones en señales complejas, incluso si no se parecen a las formas de comunicación que usamos en la Tierra, ni a las que imaginamos que otras inteligencias usarían. Esto podría ayudarnos a identificar y comprender mejor las señales de civilizaciones exoplanetarias, incluso si su forma de comunicación es radicalmente diferente de la nuestra.

c) Utilizar la inteligencia artificial para crear constructos artificiales que nos permitan analizar y evaluar hipótesis sobre posibles especies inteligentes no humanas, incluyendo aquellas que no se limitan estrictamente a la vida biológica, con el objetivo de obtener una perspectiva más amplia y abierta en la búsqueda de señales extraterrestres.

Esta tercera propuesta sugiere el uso de la inteligencia artificial para generar modelos y escenarios que nos ayuden a considerar una mayor gama de posibilidades en la búsqueda de señales extraterrestres. La IA puede simular y analizar diferentes formas de inteligencia, incluyendo aquellas que no se limitan a la vida biológica conocida (civilizaciones nacidas de compuestos basados en silicio en lugar de carbono, amoníaco o sulfuros, como indica Rampelotto (2010) ¿culturas de criaturas que se desarrollan como cristales? ¿vida inteligente en el medio interestelar?). Ello nos permitiría explorar hipótesis sobre civilizaciones alienígenas basadas en diferentes fundamentos físicos o conceptuales, muy alejados de nuestras asunciones previas. Al ampliar nuestra perspectiva, podemos ser más receptivos a señales que podrían ser incomprensibles o que podrían ser pasadas por alto utilizando únicamente nuestros marcos de referencia. Es obvio que el mayor problema de una IA como la que se sugiere en este escrito es el sesgo humano, y esta tercera ley se ocupa de la posibilidad de que futuras IAs sean autónomas como para poder generar ellas mismas IAs propias, en una suerte de "segunda generación" de muchas posibles, que pudieran llegar a conclusiones como las reflejadas en este punto, escapando de forma definitiva de los sesgos humanos, al ser creadas por otras inteligencias artificiales. Esta "ley" por tanto incumbe a las dos anteriores y las engloba.

Los dos primeros puntos implican evitar un *framing* conceptual hacia el problema a resolver, o lo que es lo mismo, quitarnos las "gafas" que nos hacen ver con ojos de seres humanos todo lo que nos rodea, tanto fenoménica como lingüística y conceptualmente. Para ello las IAs pueden ser de gran utilidad, explorando conceptos y modos que jamás hubiéramos concebido previamente, o generando nuevas criptografías completamente ajenas a nosotros.

En lugar de basarnos en suposiciones y características exclusivamente humanas, es importante adoptar un enfoque más neutral y amplio al definir los criterios de búsqueda en SETI así como los criterios para enviar mensajes en METI.

Sería importante asimismo expandir nuestro conocimiento y comprensión de las diversas formas en las que la comunicación podría manifestarse en otras partes del universo. Esto implica explorar tanto las leyes físicas fundamentales como las condiciones y ambientes en otros planetas y sistemas planetarios. Al considerar las posibles variaciones en las condiciones ambientales y físicas, podremos ampliar nuestro enfoque para buscar señales y patrones que no se ajusten necesariamente a nuestras limitadas expectativas humanas. Como se ha comentado anteriormente, incluso en nuestras búsquedas de tecnomarcadores, nuestras definiciones de los mismos están muy influenciadas por nuestra civilización, y nuestro inevitable "concepto antropomórfico" de las cosas. Las Ias podrían contribuir a evitar esos sesgos.

El tercer punto, que necesita de los dos anteriores, pero es a la vez imprescindible, es el vehículo para obtener los dos primeros. La ventaja de una IA en estos casos reside en poder escapar de la visión esquinada que nuestra especie tiene de la vida, la inteligencia, la comunicación, los canales comunicativos o las leyes de la naturaleza, todo ello condicionado por ser nosotros mismos el único caso de estudio de que disponemos. La ayuda de la IA podría asistirnos a trascender nuestro ejemplo y localizar otros modelos probables de inteligencias que no podemos concebir directamente. La inteligencia artificial puede desempeñar un papel crucial en la exploración de SETI al ayudarnos a analizar y evaluar hipótesis sobre formas de vida y civilizaciones extraterrestres que podrían ser radicalmente diferentes a todo lo que conocemos. Mediante el desarrollo de constructos artificiales basados en IA, podemos simular y modelar diferentes escenarios y suposiciones sobre la inteligencia extraterrestre, incluso considerando formas de vida no estrictamente biológicas según nuestros parámetros. Esto nos permite explorar y comprender mejor las posibilidades y limitaciones de la comunicación interplanetaria. La IA también puede ayudarnos a procesar grandes volúmenes de datos y señales en tiempo real, acelerando así radicalmente el proceso de búsqueda y análisis de señales no humanas en el universo.

Se ha acusado a menudo a la aplicación de la IA para la automatización de ciertos procesos con serias consecuencias en las personas (seguros, decisiones sanitarias, banca, entre otros) de la propagación de sesgos humanos conscientes o inconscientes (Ntoutsi et al, 2020). Esta propuesta busca precisamente lo contrario: que una cierta aplicación de la IA nos ayude a evitarlos de forma concreta en la búsqueda de inteligencias extraterrestres.

Otras aplicaciones futuras que surgirán sin lugar a dudas, implicarían el envío de sondas a estrellas cercanas para estudiar sus sistemas planetarios. Las distancias, el tiempo que implicaría un proceso así y el inherente retardo, harían que debieran ser autónomas y ser regidas por algún tipo de IA. El proyecto Breakthrough Starshot, que parte de una idea de Stephen Hawking y Juri Milner, de enviar una sonda con un chip hacia Alfa Centauri sería un primer paso (Srinivas, 2018). En cierta medida, esas futuras sondas serían proyectos intergeneracionales en los que, en contra de los supuestos de cierta literatura de ciencia ficción, como en el caso de "Aurora" (Robinson, 2021), no implicarían el viaje de seres humanos a exoplanetas lejanos sino que participarían en misiones que durarían siglos de sondas no tripuladas con capacidad de decisión propia y autonomía basadas en IA. La mayor proximidad de esas hipotéticas sondas a sus objetivos exoplanetarios permitiría obtener muchos más indicios de biomarcadores y tecnomarcadores al poder viajar dentro de los propios sistemas planetarios remotos. Con todo, estos proyectos futuros dependen de muchos factores de desarrollo de la humanidad e implicarán, como se indica, la colaboración de varias generaciones que no asistirían a sus resultados, lo que implicaría el nacimiento de nuevos paradigmas, especialmente en la transmisión de tecnologías (por poner un ejemplo, actualmente resulta complicado recrear gran parte de la ingeniería del Proyecto Apolo, a pesar de haber pasado 60 años desde su realización práctica, siendo un buen ejemplo de la "mala memoria" de nuestra especie en ciertos aspectos ingenieriles), lo que llevaría a protocolos actualmente inéditos en diversos campos.

El autor no quiere terminar este pequeño capítulo sin comentar el legado existente en los archivos de señales recopiladas por SETI a lo largo de su historia; petabytes de información susceptibles de volver a ser estudiados en una suerte de Observatorio Virtual de emisiones de radio, y que podrían ser un interesantísimo material para entrenar y utilizar inteligencias artificiales, redes neuronales y sistemas de aprendizaje automático para buscar pautas comunicativas, codificaciones y mensajes que no hayamos podido concebir aún y que podrían ocultarse en esos datos. Porque ¿Podría pasar que no pudiéramos identificar los mensajes? Esa sería otra posibilidad a tener en cuenta en el futuro, a medida que los sistemas inteligentes se perfeccionen. SETI@home tiene en sus archivos miles de señales prometedoras, que nadie ha tenido tiempo de analizar debidamente. Está bien claro que la Inteligencia Artificial acudirá a nuestro rescate con los datos archivados. De hecho alguna literatura empieza a hacer propuestas en ese sentido con los datos obtenidos, por ejemplo, por la misión GAIA (Nilipour et al., 2023), unos datos que serían interesantes para alimentar a IAs especializadas en un futuro cercano y que en cualquier caso, a medida que nuestros conocimientos aumenten, podrían ser reexaminados (Socas-Navarro et al., 2021).

¿Podría estar la respuesta a la gran pregunta oculta en viejos discos duros y cintas del SETI, y no hemos sabido leerla aún? Nada es descartable, y en tal caso la inteligencia artificial acudiría a nuestro rescate para hallar huellas de inteligencias naturales en el Cosmos.

3.2.10 Puede que estemos solos

Entre la corriente de revisionismo que encabeza Kipping, y que llena de interesantes y novedosas posibilidades la discusión acerca de la búsqueda de inteligencias extraterrestres, surge un artículo especialmente importante, la iniciativa de Snyder-Beattie et al., 2021[37], que plantea, mediante un modelo bayesiano, una sólida y por ello desoladora hipótesis basada en la inferencia estadística: que la vida inteligente puede ser un evento extraordinariamente raro.

Partiendo del artículo seminal de Carter, 1983, alrededor del Principio Antrópico[38], Snyder-Beattie y sus colaboradores lanzan una hipótesis de trabajo basada en las transiciones que han llevado a la existencia de la especie humana, muchas de ellas infinitesimalmente improbables, pero necesarias en una secuencia determinada y en una secuencia de tiempos adecuada, lo que condiciona su probabilidad, lo que habría llevado a que nuestra aparición en la historia del Sistema Solar (que es la historia del Sol en realidad, pues de él depende nuestra existencia) ocurriera en un momento relativamente tardío, pasada la edad de la madurez solar. Como ya se ha comentado en este texto, la vida surgió en la Tierra en un momento relativamente temprano, aproximadamente cuando el planeta tenía entre 700 y 1000 millones de años. Pero han

---

[37] El artículo tiene un título significativo: The Timing of Evolutionary Transitions Suggests Intelligent Life Is Rare.

[38] El artículo original de Carter, 1983, plantea este argumento: Si tomamos t1 como la vida útil de una determinada estrella, y t' como el lapso de tiempo que se requiere para que la evolución biológica produzca finamente el surgimiento de vida inteligente, se pueden analizar tres posibilidades: t1 puede ser mayor o igual que t' ($t1 \geq t'$), menor o igual a t' ($t1 \leq t'$), o caer dentro de un rango en el que es superado por t' ($t1 < t'$). Carter sostiene que, a priori, la posibilidad de que t1 y t' sean iguales es sumamente improbable, y que las posibilidades más realistas son que t1 sea mayor que t'. Eso llevaría a concluir que en el caso de la mayoría de las estrellas, estas agotarían su combustible y se extinguirían antes de que surgiera la vida inteligente en sus planetas cercanos.

tenido que pasar entre 3500 y 3800 millones de años más para que la vida inteligente surja sobre nuestro planeta.

De hecho el artículo plantea la probabilidad de ese evento, y como resultado de los cálculos planteados resulta enormemente baja en cualquier otra condición que no sea la del único experimento exitoso de tal fenómeno, que es nuestra existencia, como se puede observar en la figura 10.

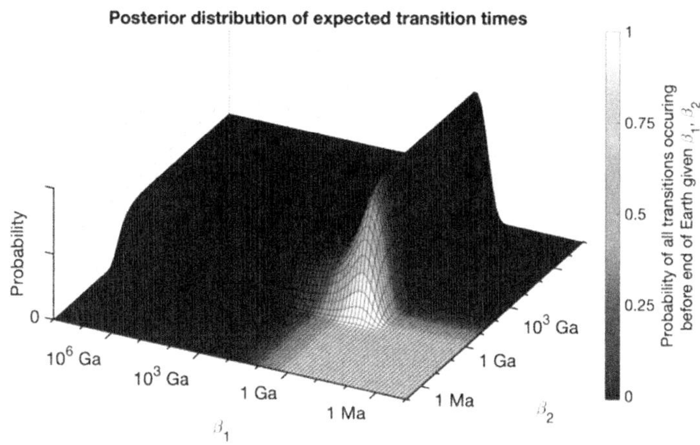

Figura 10. Distribución de tiempos esperados de dos transiciones, β1 (origen de la vida a partir de materia inerte y) β2 (origen de la inteligencia humana). (Snyder-Beattie et al., 2021).

Partiendo de un modelo generalizado del artículo de Carter, y acudiendo a un análisis bayesiano de los tiempos de las transiciones evolutivas, necesariamente secuenciales, acaecidas hasta el advenimiento de la inteligencia humana sobre la Tierra, el artículo utiliza tiempos bien documentados en la literatura científica de transiciones de la mayor importancia para la evolución de la vida terrestre y el surgir de la inteligencia, tales como la biogénesis, el nacimiento de los eucariotas y cianobacterias, el invento evolutivo del sexo y finalmente la inteligencia.

Con esos datos, el modelo creado es alimentado, y los resultados no son halagüeños. Paradójicamente, el texto sugiere que la vida en sistemas planetarios de estrellas enanas rojas (las tipo M ya comentadas anteriormente), que tienen una longevidad mucho mayor que la del Sol, podría ser más factible por la disposición de tiempo de existencia en sistemas de ese tipo, mucho mayor que el disponible en sistemas con estrellas de tipo G, como el Sol. La paradójica conclusión del artículo es que probablemente encontremos antes vida microbiana en un planeta como Marte, que cualquier vida inteligente en otros sistemas planetarios, precisamente por su extremada rareza. Cabe preguntarse entonces por qué vivimos en el sistema de una estrella tipo G, y no en el de otra de tipo M. David Kipping, 2021, intenta dar respuesta estadística a la que él mismo llama "paradoja del cielo rojo".

Esto también lleva a un artículo previo de Chen & Kipping, 2018, comentado anteriormente en otro contexto, en el que plantean un experimento bayesiano alrededor de la probabilidad del surgimiento de vida inteligente sobre la Tierra, y que podría ser una suerte de prólogo al comentado, llegando a conclusiones similares pero esta vez estudiando el posible ratio de probabilidad del surgimiento de la vida no inteligente a partir de la materia inorgánica.

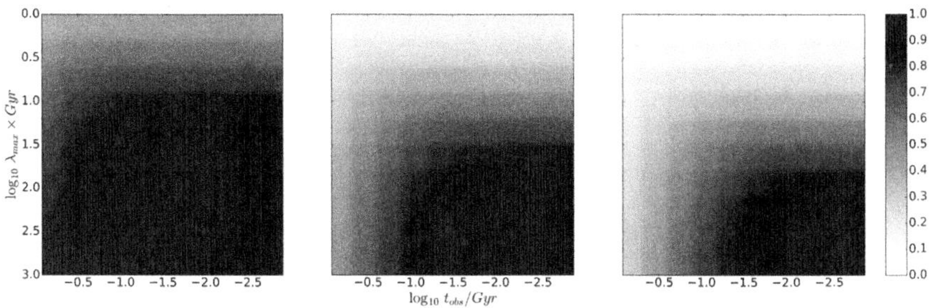

Figura 11. Ratio de aparición de la vida en otros planetas extrasolares, a partir del nacimiento de la vida en la Tierra, partiendo del concepto del surgimiento espontáneo de la vida a partir de la materia inorgánica (λ), considerando como límites un valor de λ mínimo y otro máximo. En el cuadrado de la izquierda, λ máximo es de 10^{3} Ga^{-1}. En el central, λ máximo es de 10^{11} Ga^{-1} y en el de la derecha, λ máximo es de 10^{22} Ga^{-1} (Chen & Kipping, 2018, sobre Spiegel & Turner, 2012).

Como se puede ver en la figura 11, los experimentos numéricos de Chen y Kipping llevan a una baja probabilidad de la aparición espontánea de la vida en exoplanetas en períodos de tiempo iguales o menores a los ocurridos en nuestro planeta, y de nuevo nos sugieren que podríamos estar ante un fenómeno raro, si bien no tan extremadamente extraño como la aparición de la inteligencia en un planeta habitado.

4. CONCLUSIONES Y PERSPECTIVAS FUTURAS

Tras sesenta años de existencia, la búsqueda de inteligencia extraterrestre, encarnada en diversos proyectos, desde el fundacional SETI hasta la búsqueda exoplanetaria actual de tecnomarcadores, que se afina de día en día, la paradoja de Fermi se mantiene tercamente: por ahora sólo hemos recibido silencio radio. Con todo, mediante afinamientos de las hipótesis de trabajo que buscan estimar el número de civilizaciones comunicativas en el momento presente en el universo, desde la legendaria y cuestionada Ecuación de Drake a la que este trabajo ha bautizado como Ecuación de Kipping, en apenas 30 años desde que se descubriera el primer exoplaneta, hemos dado grandes e importantes pasos, despejando algunas incógnitas.

Este trabajo ha querido recorrer los hitos ocurridos hasta la actualidad, aportando de paso algunos conceptos originales: una aproximación a *N* no inteligente mediante una simplificación de la Ecuación de Drake clásica a tres variables (*Ne*, *Fp* y *Fl*), el concepto de *Fex*, que podría condicionar la supervivencia y tal vez la comunicación de una especie inteligente alienígena, o los tres mandamientos para el uso de la IA en la búsqueda de inteligencia extraterrestre. En cualquier caso, la ciencia, cuando no obtiene éxitos ruidosos, también es ciencia: permite acotar zonas de error, y mejorar los métodos. Y la historia de la búsqueda de inteligencia extraterrestre de hecho nos ayuda a mejorar nuestros métodos y a explorar conceptos de "inteligencia" y de "civilización" más libres de antropocentrismo, algo que, si bien no inevitable, ha presidido nuestras presunciones con respecto a esa búsqueda durante años. Probablemente, el liberarnos de ciertos prejuicios "de especie", nos ayudará a mejorar los criterios de búsqueda y/o estimación de posibles civilizaciones más allá de nuestro mundo.

Con todo, la mejora en términos de capacidades observacionales, podría llevar a nuevos resultados que nos ayuden, a medio y largo plazo, a despejar algunas de las variables de la ecuación de Drake que siguen manteniéndose tercamente en la oscuridad, aunque ello dependería de muchos factores. El camino abierto por David Kipping alrededor de una aproximación estocástica al valor de N también presenta interesantísimas posibilidades de futuro. Sería además aconsejable que la búsqueda de inteligencia extraterrestre se abordara desde una perspectiva multidisciplinar que incluya las aportaciones de otros campos de la ciencia que coadyuven a ampliar el alcance de la búsqueda (Cabrol, 2016). Probablemente, los avances en IA también encerrarán nuevas sorpresas en este campo, especialmente relacionados con nuevas perspectivas que hoy pueden parecernos impensables, en términos de criterios numéricos.

El de la búsqueda de inteligencias extraterrestres es un campo de la ciencia que ha sufrido altibajos, y que sigue generando ciencia, a pesar de los resultados negativos que proyectos como SETI han entregado hasta ahora. Todo ello ayuda a un proceso de refinamiento de criterios y de búsqueda de datos que no sólo beneficia a la propia búsqueda, sino a otras ramas científicas. A pesar de ello, en ocasiones el *zeitgeist* ha obrado en contra del prestigio de la búsqueda inteligente; es probable que en el futuro las dudas que los proyectos relacionados suscitan entre parte de la comunicad vayan disipándose, especialmente si alguna de las grandes *surveys* en curso, y las que están en proyecto, arrojan conclusiones positivas o prometedoras.

La astronomía en su rama observacional promete en el futuro mejoras en los métodos, resoluciones y resultados en el campo de la exoplanetología, muy estrechamente relacionada con la búsqueda de biomarcadores y tecnomarcadores (Berea, 2022) en mundos lejanos. De hecho, la propia Jill Tarter afirmaba cómo el camino actual es la observación simultánea desde varios radiotelescopios distantes (Tarter, 2001), de modo y manera que desde el principio el origen terrestre espurio de las señales quede descartado mediante interferometría, permitiéndose además facilitar su localización espacial.

A todo ello ayuda que SETI ha tenido equipos de observación en propiedad, como el Allen Array, donado por Paul Allen, uno de los fundadores de Microsoft, permitiendo mediciones simultáneas a costes más bajos. Otro asunto, la observación directa, vinculada a la mejora de las tecnologías disponibles y al avance de la tecnología de interpretación de imágenes, seguramente traerá grandes sorpresas en el futuro.

El escurridizo terreno de la búsqueda de inteligencia extraterrestre intenta responder a la pregunta tal vez más importante, y acaso desesperada, de la Humanidad. Si realmente podemos evitar la terrible soledad de vivir en el océano cósmico sin alguien al otro lado, por muy lejos que sea. Como el autor sugiere en la introducción de este trabajo, sea cual sea la respuesta, positiva o negativa, al otro lado nos espera un abismo que habremos de enfrentar como especie.

El autor de este trabajo tiene entre sus escritores de cabecera al polaco Stanislaw Lem. Una de sus novelas menos conocidas es "Fiasco" ["Fiasko"] (Lem, 1986-2021), que plantea al lector qué pasaría después de que un proyecto como SETI encontrara señales inequívocas de una civilización inteligente extraterrestre y se enviara una expedición humana al planeta habitado (Le Guin, 2019). Tras una serie de intentos fallidos de contacto y de equívocos en la comunicación, de mensajes erróneamente interpretados y de malas decisiones, la expedición humana, cayendo en un ejemplo de "trampa hobbesiana"[39], acaba aniquilando toda vida en el planeta, al malinterpretar como hostiles las que podrían ser simples sondas de la otra civilización[40].

---

[39] La trampa hobbesiana, también conocida como "dilema de Schelling", explica la dinámica de los ataques preventivos entre dos grupos que se sienten amenazados mutuamente.

[40] Lem cuenta entre sus novelas con una de las obras de ficción científica más importantes creadas alrededor de un proyecto como SETI. Se trata de "La voz de su amo" ["Głos Pana"] (Lem & Soriano, 1968-2017), que relata los ímprobos (e infructuosos) esfuerzos de un grupo de científicos para descifrar una posible señal de inteligencia

Es una cruda y honesta reflexión sobre nuestra especie; si somos incapaces de comunicar en ocasiones entre nosotros ¿Podríamos hacerlo con biologías y culturas tan ajenas a la nuestra como las de una posible civilización alienígena que ha evolucionado por derroteros distintos a los nuestros? ¿Estamos preparados realmente para oír esas señales que tanto deseamos oír? ¿Siquiera para identificarlas como propias de organismos inteligentes? ¿Acaso somos un caso extremadamente improbable, único, y no haya más criaturas inteligentes pensando en el universo por ahí fuera aparte de nosotros?

Y en el caso contrario, imaginando que la búsqueda de inteligencias extraterrestres diera frutos, y hubiera de alguna manera un contacto entre nosotros y esas especies alienígenas, ¿hemos desarrollado los protocolos adecuados? ¿Tenemos la menor idea de cómo actuaríamos como especie en unas circunstancias inesperadas, aunque deseadas, como esas? ¿Podría haber una convergencia entre especies inteligentes surgidas de procesos biológicos, evolutivos y culturales enteramente diferentes? ¿Se daría el caso una especie inteligente altamente evolucionada que sojuzgara a la otra, menos capacitada? ¿Tenemos como especie la madurez suficiente para enfrentarnos a eventos así? En algunos casos se ha llegado a comparar esa posible eventualidad a lo ocurrido cuando los españoles conquistaron el llamado Nuevo Mundo, a partir de 1492 (Gabriel, 2014). ¿Podríamos enfrentarnos a unos hechos como esos? ¿No sería inteligente preparar escenarios posibles y crear protocolos de respuesta? Existen algunos casos en los que esos pasos se están dando, como la mesa convocada en el encuentro de 2019 del Tennessee Valley Interstellar Workshop (TVIW), en la que intervinieron Ken Wisian,

extraterrestre contenida en un flujo de neutrinos que emana de una estrella en la constelación del Can Menor. Otro de los clásicos de la ciencia-ficción escritos por Lem en torno a la (in)comunicación posible entre humanos y alienígenas es la magnífica "Solaris" (Lem, 1961-2017; Junco, 2020), llevada al cine por Andrei Tarkowsky en 1972 y por Steven Soderbergh en 2002. En conjunto, la obra de Lem es una de las visiones más preclaras alrededor de las posibles consecuencias que la irrupción de la confirmación de la vida extraterrestre inteligente tendría para la humanidad.

Ken Roy y John Traphagan, discutiendo alrededor de cómo diseñar un protocolo para un primer contacto con extraterrestres, concluyendo que lo mejor era, como primer paso prudente, "no hacer nada", esperando a que "hable el otro primero", esto es, estaríamos ante el diseño de un protocolo basado en la *inacción* (sic), condicionando cualquier decisión o paso ulterior a un eventual segundo contacto (Smith & Traphagan, 2020). El presente trabajo ha preferido no ahondar en estos asuntos, pero en estos últimos párrafos es interesante indicar que abren novedosos campos de debate e investigación. Otros han discutido, a través del análisis de varias obras de ciencia ficción, cómo establecer modos de negociación con mentes tan alejadas de las nuestras (Kobata, 2002), en un nuevo ejemplo de realimentación entre literatura de anticipación y ciencia, alrededor del que ya se ha hablado anteriormente de forma somera.

Las preguntas en cualquier caso siguen abiertas. Si bien es probable que en un período razonable localicemos ejemplos de vida extraterrestre exoplanetaria no inteligente, puede que el camino evolutivo hacia la inteligencia sea extraordinariamente raro. Eso no haría más que multiplicar la enorme responsabilidad que, como posible única especie con pensamiento en este rincón del Cosmos, caería sobre nuestros hombros. En tal situación, probablemente nunca encontraríamos respuesta a una nueva pregunta: ¿Ha sido en nuestro caso la vida inteligente algo puramente contingente, para nada necesario, una coincidencia feliz?

Al inicio de este texto, el autor indicaba que, cualquiera que fuera la respuesta a la gran pregunta de la búsqueda de inteligencia extraterrestre, tendría consecuencias hondas en nosotros. Sea cual sea, nos pondrá en nuestro lugar; si estamos solos en un vasto universo repleto de radiación y fenómenos de una violencia inimaginable, tendríamos sobre nuestros hombros la poderosa responsabilidad de ser los custodios de la riquísima vida en la Tierra (que por otro lado hasta ahora hemos contribuido a extinguir) y de nuestra propia existencia, lo que tal vez nos sirviera para replantearnos nuestro historial como especie inteligente. En cambio, si encontráramos otras inteligencias en el Cosmos, tal vez ese descubrimiento nos haría sentir más modestos, parte de una vasta familia universal de criaturas inteligentes que disfrutan por unos pocos momentos del regalo de la vida y la autoconsciencia; parte de algo más grande, más vasto, que nosotros mismos. En cualquier caso, el milagro de la vida y la inteligencia debería hacernos a todos más conscientes de nuestra fragilidad y del legado que hemos de dejar a las generaciones que nos seguirán.

Puede que la respuesta a la pregunta de la búsqueda de inteligencia extraterrestre nos enseñe a pasar tal vez, como especie, a una edad adulta a la que nos hemos negado a acceder a lo largo de nuestra azarosa y violenta historia como civilización.

La búsqueda sigue, cada día. Y la posibilidad de encontrar a alguien sigue estando ahí. Parafraseando a James T. Wright, *"mantengámonos escépticos, pero no cínicos"* (Wright, 2021).

5. BIBLIOGRAFÍA

A. A., Ahumada, J. A., Parisi, M. C., & Pintado, O. I. Evolución de la Zona de Habitabilidad Estelar. Asociación Argentina de Astronomía, 94.

Akeson, R., Christiansen, J., Ciardi, D. R., Ramirez, S., Schlieder, J., & Van Eyken, J. C. (2017, January). The nasa exoplanet archive. In American Astronomical Society Meeting Abstracts (Vol. 229).

Alibert, Y. (2014). On the radius of habitable planets. Astronomy & Astrophysics, 561, A41.

Álvarez, J. G. (2010). Acercamiento probabilístico al Principio Antrópico. Ciencias Holguín, 11(4).

Anderson, D. P., Cobb, J., Korpela, E., Lebofsky, M., & Werthimer, D. (2002). SETI@ home: an experiment in public-resource computing. Communications of the ACM, 45(11), 56-61.

Arroyo, I., Bravo, L. C., Llinás, H., & Muñoz, F. L. (2014). Distribuciones Poisson y Gamma: Una discreta y continua relación. Prospectiva, 12(1), 99-107.

Asimov, I. (1941). Three laws of robotics. Asimov, I. Runaround, 2.

Balbi, A. (2018). The spatiotemporal aspects of SETI. Memorie Della Società Astronomica Italiana, 89, 425.

Barrado Navascués, D. (2023). The Shape of the Earth and Geographical Exploration. In: Cosmography in the Age of Discovery and the Scientific Revolution. Historical & Cultural Astronomy. Springer, Cham, 301–340.

Batalha, N. M. (2014). Exploring exoplanet populations with NASA's Kepler Mission. Proceedings of the National Academy of Sciences, 111(35), 12647-12654.

Baum, L. F. (2018). Ozma of Oz. Open Road Media.

Benford, J. (2021). A drake equation for alien artifacts. Astrobiology, 21(6), 757-763.

Berea, A. (Ed.). (2022). Technosignatures for Detecting Intelligent Life in Our Universe: A Research Companion. John Wiley & Sons.

- Bialy, S., & Loeb, A. (2018). Could solar radiation pressure explain 'Oumuamua's peculiar acceleration?. The Astrophysical Journal Letters, 868(1), L1.
- Bohlmann, U. M., & Bürger, M. J. (2018). Anthropomorphism in the search for extra-terrestrial intelligence–The limits of cognition?. Acta Astronautica, 143, 163-168.

Bostrom, N. (2002). Existential risks: Analyzing human extinction scenarios and related hazards. Journal of Evolution and technology, 9.

Boyajian, T. S., LaCourse, D. M., Rappaport, S. A., Fabrycky, D., Fischer, D. A., Gandolfi, D., ... & Szewczyk, A. (2016). Planet Hunters IX. KIC 8462852–where's the flux?. Monthly notices of the royal astronomical society, 457(4), 3988-4004.

Bradbury, R. J., Cirkoivc, M. M., & Dvorsky, G. (2011). Dysonian approach to SETI: a fruitful middle ground?. Journal of the British Interplanetary Society, 64(5), 156.

Breakthrough Intiatives. https://breakthroughinitiatives.org/about

Brin, G. D. (1983). The great silence-The controversy concerning extraterrestrial intelligent life. Quarterly Journal of the Royal Astronomical Society, 24, 283-309.

Cabrera, B. (1982). First results from a superconductive detector for moving magnetic monopoles. Physical Review Letters, 48(20), 1378.

Cabrol, N. A. (2016). Alien mindscapes—a perspective on the Search for Extraterrestrial Intelligence. Astrobiology, 16(9), 661-676.

Carstairs, I. R. (2002). Spreading the net. Astronomy & Geophysics, 43(6), 6-26.

Carter, B. (1983). The anthropic principle and its implications for biological evolution. Philosophical Transactions of the Royal Society of London. Series A, Mathematical and Physical Sciences, 310(1512), 347-363.

Cerceau, F. R., & Bilodeau, B. (2012). A comparison between the 19th century early proposals and the 20th–21st centuries realized projects intended to contact other planets. Acta Astronautica, 78, 72-79.

Chen, J., & Kipping, D. (2018). On the rate of abiogenesis from a Bayesian informatics perspective. Astrobiology, 18(12), 1574-1584.

Chick, G. (2011). Biocultural Prerequisites for the Development of Advanced Technology. World Cultures eJournal, 18(1).

Ćirković, M. M. (2002). On the first anthropic argument in astrobiology. Earth, Moon, and Planets, 91, 243-254.

Clements, D. L. (2023). Venus, Phosphine and the Possibility of Life. arXiv preprint arXiv:2301.05160.

Cocconi, G., & Morrison, P. (1959). Searching for interstellar communications. Nature, 184, 844-846.

Corbet, R. H. (1999). The Use of Gamma-Ray Bursts as Direction and Time Markers in SETI Strategies. Publications of the Astronomical Society of the Pacific, 111(761), 881.

Cofield, C. (2015). Stephen Hawking: Intelligent Aliens Could Destroy Humanity, But Let's Search Anyway. Obtained at: http://www. space. com/29999-stephen-hawking-intelligent-alien-life-danger. Html.

Cohen, E. (1998). Contact! How the movie distorts the meaning of Carl Sagan's novel. Humanist in Canada, 31(1), 26-8.

Collins, R. (2004). The teleological argument. In The rationality of theism (pp. 144-160). Routledge.

Corbet, R. H. (1997). SETI at X-energies-parasitic searches from astrophysical observations. Journal of the British Interplanetary Society, 50(7), 253-257.

Davies, P. C. W. (2003). Does life's rapid appearance imply a Martian origin?. Astrobiology, 3(4), 673-679.

Davies, P. C., & Lineweaver, C. H. (2005). Finding a second sample of life on Earth. Astrobiology, 5(2), 154-163.

Degroote, P., & Debosscher, J. (2011). The CoRoT and Kepler Revolution in Stellar Variability Studies. Proceedings of the International Astronomical Union, 7(S285), 177-182.

Diamond, J. (2011). Collapse: how societies choose to fail or succeed: revised edition. Penguin.

Drake, F. (2011). The search for extra-terrestrial intelligence. Philosophical Transactions of the Royal Society A: Mathematical, Physical and Engineering Sciences, 369(1936), 633-643.

Drake, F. D. (1985, May). Project OZMA: The Search for Extraterrestrial Intelligence. In Proceedings of the NRAO Workshop (No. 11, p. 17). F. D. 1960.

Drake, F. (2008, August). SETI--The Early Days and Now. In Frontiers of Astrophysics: A Celebration of NRAO's 50th Anniversary (Vol. 395, p. 213).

Drake, J. (2023). Frank Drake,"The Father of SETI", May 28, 1930, to September 2, 2022.

Drake, F. D., & Sobel, D. (1992). Is anyone out there. Mercury, 21, 120.

Dressing, C. D., & Charbonneau, D. (2015). The occurrence of potentially habitable planets orbiting M dwarfs estimated from the full Kepler dataset and an empirical measurement of the detection sensitivity. The Astrophysical Journal, 807(1), 45.

Driscoll, P. E., & Barnes, R. (2015). Tidal heating of Earth-like exoplanets around M stars: thermal, magnetic, and orbital evolutions. Astrobiology, 15(9), 739-760.

Dyson, F. J. (1960). Letters and response. *Science*, *132*, 250-253.

Dyson, F. J. (1960). Search for artificial stellar sources of infrared radiation. Science, 131(3414), 1667-1668.

Dyson, F. J. (1996). Selected papers of Freeman Dyson with commentary (Vol. 5). American Mathematical Soc..

Dyson, F. (2017). Sueños de tierra y cielo. Debate.

Ehman, J. R. (2010). The Big Ear Wow! Signal (30th Anniversary Report). Big Ear Radio Observatory. Available online at http:// www. bigear. org/Wow30th/wow30th. Htm.

Ellery, A. (2022). The prospect of von neumann probes and the implications for the sagan-tipler debate. International Journal of Astrobiology, 21(4), 197-199.

Enriquez, E., & Price, D. (2019). turboSETI: Python-based SETI search algorithm. Astrophysics Source Code Library, ascl-1906.

Essy LLC. (2023) Statistical Distributions Online. https://statdist.com

Ellery, A. (2022). Self-replicating probes are imminent–implications for SETI. International Journal of Astrobiology, 21(4), 212-242.

Filippelli, G. M. (Ed.). (2022). Climate Change and Life: The Complex Co-evolution of Climate and Life on Earth, and Beyond. Elsevier.

Filippova, L., & Filippov, V. (2020). Some Culturological Aspects of METI Problems with EM Radiation. Journal of Big History, 128-135.

Frank, A., & Sullivan III, W. T. (2016). A new empirical constraint on the prevalence of technological species in the universe. Astrobiology, 16(5), 359-362.

Freitas, R. A. (1983). The search for extraterrestrial artifacts(SETA). British Interplanetary Society, Journal(Interstellar Studies), 36, 501-506.

Fromm, C. M., Ros, E., Savolainen, T., Lobanov, A. P., Perucho, M., Zensus, J. A., ... & Lähteenmäki, A. (2010). Shock-shock interaction in the jet of CTA 102. arXiv preprint arXiv:1011.4825.

Gabriel, G. (2014). Toward a new cosmic consciousness: Psychoeducational aspects of contact with extraterrestrial civilizations. Acta Astronautica, 94(2), 577-583.

Gajjar, V., Siemion, A., Croft, S., Brzycki, B., Burgay, M., Carozzi, T., ... & Zhang, Y. G. (2019). The breakthrough listen search for extraterrestrial intelligence. arXiv preprint arXiv:1907.05519.

Gajjar, V., Siemion, A., Croft, S., Brzycki, B., Burgay, M., Carozzi, T., ... & Zhang, Y. G. (2019). The breakthrough listen search for extraterrestrial intelligence. arXiv preprint arXiv:1907.05519.

Gale, J., & Wandel, A. (2017). The potential of planets orbiting red dwarf stars to support oxygenic photosynthesis and complex life. International Journal of Astrobiology, 16(1), 1-9.

Gale, J., Wandel, A., & Hill, H. (2020). Will recent advances in AI result in a paradigm shift in Astrobiology and SETI?. International Journal of Astrobiology, 19(3), 295-298.

Galway-Witham, J., & Stringer, C. (2018). How did Homo sapiens evolve?. Science, 360(6395), 1296-1298.

García, J. M. A., & del Busto, J. M. A. G. (1989). Introducción al principio antrópico (Vol. 51). Encuentro.

Gelino, D., & Participants, N. A. S. A. (2018). NASA and the Search for Technosignatures: A Report from the NASA Technosignatures Workshop.: NASA Technosignatures Workshop Participants.

Gertz, J. (2016). Reviewing METI: A critical analysis of the arguments. arXiv preprint arXiv:1605.05663.

Gindilis, L., & Gurvits, L. (2014). Half a century of SETI in the USSR and Russia. 40th COSPAR Scientific Assembly, 40, S-4.

Gindilis, L. M., & Gurvits, L. I. (2019). SETI in Russia, USSR and the post-Soviet space: a century of research. Acta Astronautica, 162, 1-13.

Glade, N., Ballet, P., & Bastien, O. (2012). A stochastic process approach of the drake equation parameters. International Journal of Astrobiology, 11(2), 103-108.

Golden, L. M. (2021). A joint mind consideration of the Drake equation in the search for extraterrestrial intelligence. Acta Astronautica, 185, 333-336.

Gonzalez, G. (2020). The Solar System: Favored for Space Travel. BIO-Complexity, 2020.

Gott, J. R. (1993). Implications of the Copernican principle for our future prospects. Nature, 363, 315-319.

Grimaldi, C., & Marcy, G. W. (2018). Bayesian approach to SETI. Proceedings of the National Academy of Sciences, 115(42), E9755-E9764.

Gustafsson, B. (1998). Is the sun a sun-like star?. In Solar Composition and its Evolution—from Core to Corona: Proceedings of an ISSI Workshop 26–30 January 1998, Bern, Switzerland (pp. 419-428). Springer Netherlands.

Haberle, R. M., McKay, C. P., Schaeffer, J., Cabrol, N. A., Grin, E. A., Zent, A. P., & Quinn, R. (2001). On the possibility of liquid water on present-day Mars. Journal of Geophysical Research: Planets, 106(E10), 23317-23326.

Haqq-Misra, J., Kopparapu, R. K., & Wolf, E. T. (2018). Why do we find ourselves around a yellow star instead of a red star?. International Journal of Astrobiology, 17(1), 77-86.

Harp, G. R., Ackerman, R. F., Blair, S. K., Arbunich, J., Backus, P. R., Tarter, J. C., & ATA Team. (2011). A new class of SETI beacons that contain information. Communication with extraterrestrial intelligence (CETI), 37-44.

Harp, G. R., Richards, J., Tarter, S. S. J. C., Mackintosh, G., Scargle, J. D., Henze, C., ... & Voien, J. (2019). Machine Vision and Deep Learning for Classification of Radio SETI Signals. arXiv preprint arXiv:1902.02426.

Harp, G., Wilcox, B., Arbunich, J., Blair, S., Backus, P. R., Tarter, J. C., ... & ATA Team. (2010, January). PiH i Observations at the ATA, Conventional and Unconventional SETI. In American Astronomical Society Meeting Abstracts# 215 (Vol. 215, pp. 403-06).

Hauschildt, P. H., Allard, F., & Baron, E. (1999). The NEXTGEN model atmosphere grid for 3000≤ Teff≤ 10,000 K. The Astrophysical Journal, 512(1), 377.

Head III, J. W., Kreslavsky, M., Hiesinger, H., Ivanov, M., Pratt, S., Seibert, N., ... & Zuber, M. T. (1998). Oceans in the past history of Mars: Tests for their presence using Mars Orbiter Laser

Altimeter (MOLA) data. Geophysical Research Letters, 25(24), 4401-4404.

Hebbeker, T. (2020). Shape of Big Rockets. arXiv preprint arXiv:2005.14657.

Heylighen, F., & Bernheim, J. (2004). From Quantity to Quality of Life: rK selection and human development. Social Indicators Research, 1-14.

Hill, M. L., Bott, K., Dalba, P. A., Fetherolf, T., Kane, S. R., Kopparapu, R., ... & Ostberg, C. (2023). A Catalog of Habitable Zone Exoplanets. The Astronomical Journal, 165(2), 34.

Hippke, M. (2018). Super-Earths in need for Extremly Big Rockets. arXiv preprint arXiv:1803.11384.

Hippke, M. (2019). Spaceflight from Super-Earths is difficult. International Journal of astrobiology, 18(5), 393-395.

Hippke, M., & Forgan, D. H. (2017). Interstellar communication. VI. Searching X-ray spectra for narrowband communication. arXiv preprint arXiv:1712.06639.

Holder, J., Ashworth, P., LeBohec, S., Rose, H. J., & Weekes, T. C. (2005). Optical SETI with imaging Cherenkov telescopes. arXiv preprint astro-ph/0506758.

Horizon, Ben Deighton, 16 julio 2014. https://ec.europa.eu/research-and-innovation/en/horizon-magazine/alien-signal-likely-discovered-within-our-lifetimes-dr-seth-shostak

Interview with Sebastian von Hoerner. FORUM: von Hoerner on SETI. Cosmic Search Vol. 1, No. 1. 1979.

Irwin, J., Charbonneau, D., Nutzman, P., & Falco, E. (2008). The MEarth project: searching for transiting habitable super-Earths around nearby M dwarfs. Proceedings of the International Astronomical Union, 4(S253), 37-43.

Jiménez, J. C. L., & Cortés, M. P. (2018). La enigmática estrella de Tabby.

Junco, M. (2020). An Analysis of the Foucauldian Elements of Power-Knowledge in Stanislaw Lem's Solaris and Arthur C. Clarke's Rendezvous with Rama (Doctoral dissertation, Florida Atlantic University).

Kalirai, J. S. (2012). The age of the Milky Way inner halo. Nature, 486(7401), 90-92.

Kardashev, N. S. (1964). Transmission of Information by Extraterrestrial Civilizations. Soviet Astronomy, Vol. 8, p. 217, 8, 217.

Kipping, D. (2020). An objective Bayesian analysis of life's early start and our late arrival. Proceedings of the National Academy of Sciences, 117(22), 11995-12003.

Kipping, D. (2021). Formulation and resolutions of the red sky paradox. Proceedings of the National Academy of Sciences, 118(26), e2026808118.

Kipping, D., & Gray, R. (2022). Could the 'Wow'signal have originated from a stochastic repeating beacon?. Monthly Notices of the Royal Astronomical Society, 515(1), 1122-1129.

Kobata, T. (2002). Alien Protocol. Osaka literary review, (41), 59-74.

Konesky, G. (2009, September). The Drake Equation revisited. In Instruments and Methods for Astrobiology and Planetary Missions XII (Vol. 7441, pp. 301-308). SPIE.

Korpela, E., Werthimer, D., Anderson, D., Cobb, J., & Leboisky, M. (2001). SETI@ home-massively distributed computing for SETI. Computing in science & engineering, 3(1), 78-83.

Krissansen-Totton, J., Fortney, J. J., & Nimmo, F. (2021). Was Venus ever habitable? Constraints from a coupled interior–atmosphere–redox evolution model. The Planetary Science Journal, 2(5), 216.

Krotenko, L. (2017). Psycholinguistics and the Search for extraterrestrial intelligence. Philosophy and Cosmology, 19(19), 110-116.

Lacki, B. C. (2020). Lens Flare: Magnified X-Ray Binaries as Passive Beacons in SETI. The Astrophysical Journal, 905(1), 18.

Lada, C. J. (2006). Stellar Multiplicity and the IMF: Most Stars Are Single Born. arXiv preprint astro-ph/0601375.

Lamb, D. (2005). The search for extra terrestrial intelligence: A philosophical inquiry. Routledge.

Langeveld, A. (2023). Characterising Exoplanet Atmospheres with High-Resolution Transmission Spectroscopy (Doctoral dissertation).

Le Guin, U. K. (2019). Lem, Stanislaw. Aliens in Popular Culture, 160.

Lem, S. (2017). Solaris. Aleph.

Lem, S. (2021). Fiasco. Comercial Grupo ANAYA, SA.

Lem, S., & Soriano, A. M. M. (2017). La voz del amo. Impedimenta.

Lemarchand, G. A. (2009, December). The lifetime of technological civilizations and their impact on the search strategies. In Bioastronomy 2007: Molecules, Microbes and Extraterrestrial Life (Vol. 420, p. 393).

Lillo-Box, J., Barrado, D., Figueira, P., Leleu, A., Santos, N. C., Correia, A. C. M., ... & Faria, J. P. (2018). The TROY project: Searching for co-orbital bodies to known planets-I. Project goals and first results from archival radial velocity. Astronomy & Astrophysics, 609, A96.

Lillo-Box, J., Leleu, A., Parviainen, H., Figueira, P., Mallonn, M., Correia, A. C. M., ... & Neal, J. (2018). The TROY project-II. Multi-technique constraints on exotrojans in nine planetary systems. Astronomy & Astrophysics, 618, A42.

Lillo-Box, J., Santos, N. C., Santerne, A., Silva, A. M., Barrado, D., Faria, J., ... & Linares, J. V. (2022). The KOBE experiment: K-dwarfs Orbited By habitable Exoplanets-Project goals, target selection, and stellar characterization. Astronomy & Astrophysics, 667, A102.

Lineweaver, C. H., Fenner, Y., & Gibson, B. K. (2004). The galactic habitable zone and the age distribution of complex life in the Milky Way. Science, 303(5654), 59-62.

Lingam, M., Balbi, A., & Mahajan, S. M. (2023). A Bayesian Analysis of Technological Intelligence in Land and Oceans. The Astrophysical Journal, 945(1), 23.

Lingam, M., & Loeb, A. (2018). Limitations of chemical propulsion for interstellar escape from Habitable zones around low-mass stars. arXiv preprint arXiv:1808.08141.

Loeb, A (2023). Interstellar objects from broken Dyson spheres.

Luger, R., Sestovic, M., Kruse, E., Grimm, S. L., Demory, B. O., Agol, E., ... & Queloz, D. (2017). A seven-planet resonant chain in TRAPPIST-1. Nature Astronomy, 1(6), 0129.

Ma, P. X., Ng, C., Rizk, L., Croft, S., Siemion, A. P., Brzycki, B., ... & Worden, S. P. (2023). A deep-learning search for technosignatures from 820 nearby stars. Nature Astronomy, 1-11.

MacArthur, R. H., & Wilson, E. O. (2001). The theory of island biogeography (Vol. 1). Princeton university press.

Maccone, C. (2010). The statistical Fermi paradox. Journal of the British Interplanetary Society, 63(5), 222.

Maccone, C. (2012). The statistical Drake equation. In Mathematical SETI: Statistics, Signal Processing, Space Missions (pp. 3-72). Berlin, Heidelberg: Springer Berlin Heidelberg.

Madhusudhan, N., Piette, A. A., & Constantinou, S. (2021). Habitability and biosignatures of Hycean worlds. The Astrophysical Journal, 918(1), 1.

Maggiori, G. (2016). Olaf Stapledon, precursor oculto. Variaciones Borges, (42), 203-216.

Marshak, R. E., & Blaker, J. W. Perspectives in modern physics: essays in honor of Hans A. Bethe on the occasion of his 60th birthday, July 1966. (No Title).

Martín-Francés, L. (2023). Homo habilis. El creador de herramientas. Salvat. 127.

Matheny, J. G. (2007). Reducing the risk of human extinction. Risk Analysis: An International Journal, 27(5), 1335-1344.

Maver, W. (1912). American Telegraphy and Encyclopedia of the Telegraph: Systems, Apparatus, Operation... Maver Publishing Company.

Méndez, A. (2023) The habitable exoplanets catalog. Planetary Habitability Laboratory (PHL). https://phl.upr.edu/projects/habitable-exoplanets-catalog

Mekel, M., Keifer-Boyd, K., Lamb, M. D., & Stetz, L. (2023). Bio-techno-signature Monitoring and Communication Guideposts for Extraterrestrial Life. Research Notes of the AAS, 7(3), 55.

Melka, T. S., & Schoch, R. M. (2020). A Case in Point: Communication With Unknown Intelligence/s. Grapholinguistics, 513.

Michael H. Birnbaum (2001) The Bayesian Calculator. Department of Psychology. California State University, Fullerton. This material is based upon work supported by the National Science Foundation under Grant No. SBR-9410572. Any opinions, findings, and conclusions or recommendations expressed in this material are those of the author and do not necessarily reflect the views of the National Science Foundation. http://psych.fullerton.edu/mbirnbaum/bayes/bayescalc.htm

Michaud, M. A. (2015). Searching for extraterrestrial intelligence: Preparing for an expected paradigm break. The Impact of Discovering Life Beyond Earth, 286-298.

Milton, K. (2003). The critical role played by animal source foods in human (Homo) evolution. The Journal of nutrition, 133(11), 3886S-3892S.

Molina, J. A. M. (2019). Searching for a standard Drake equation. arXiv preprint arXiv:1912.01783.

Morrison, P., Billingham, J., & Wolfe, J. (1979). The search for extraterrestrial intelligence—SETI. Acta Astronautica, 6(1-2), 11-31.

Moulines, C. (2015). Dos gigantes de la filosofía de la ciencia del siglo XX. Bonalletra Alcompas.

Musso, P. (2001, August). On the last terms of Drake Equation: the problem of energy sources and the" Rare Earth Hypothesis". In Exo-/Astro-Biology (Vol. 496, pp. 379-382).

Nanda, L., & Santhi, V. (2019, November). SETI (Search for Extra Terrestrial Intelligence) Signal Classification using Machine Learning. In 2019 International Conference on Smart Systems and Inventive Technology (ICSSIT) (pp. 499-504). IEEE.

NASA (2023, august) Exoplanet and Candidate Statistics. NASA Exoplanet Archive.
https://exoplanetarchive.ipac.caltech.edu/docs/counts_detail.html

National Geographic, Michael Greshko, 5 septiembre 2022.

von Neumann, J. (1949). Fifth Lecture: Re-evaluation of the problems of complicated automata—problems of hierarchy and evolution. Theory of self-reproducing automata, 74-87.

Neumann, J. V. (1966). Theory of self-reproducing automata. Mathematics of Computation, 21, 745.

Nilipour, A., Davenport, J., & Croft, S. (2023, January). Signal Synchronization Strategies and Time Domain SETI with Gaia DR3. In American Astronomical Society Meeting Abstracts (Vol. 55, No. 2, pp. 309-06).

Nisbet, E. G., & Sleep, N. H. (2001). The habitat and nature of early life. Nature, 409(6823), 1083-1091.

Ntoutsi, E., Fafalios, P., Gadiraju, U., Iosifidis, V., Nejdl, W., Vidal, M. E., ... & Staab, S. (2020). Bias in data-driven artificial intelligence systems—An introductory survey. Wiley Interdisciplinary Reviews: Data Mining and Knowledge Discovery, 10(3), e1356.

Oberhaus, D. (2019). Extraterrestrial languages. Mit Press.

O'Callaghan, J. (2019) 'We've found dozens of potentially habitable planet , only a few dozen are potentially habitable - now we need to study them in detail'. Horizon. The E.U. Research & Innovation Magazine. https://ec.europa.eu/research-and-innovation/en/horizon-magazine/weve-found-dozens-potentially-habitable-planets-now-we-need-study-them-detail

Olmedo, F. G. (1998). La paradoja de Fermi: sobre"¿ Quién anda ahí? Civilizaciones extraterrestres y el futuro de la humanidad", de FJ Ynduráin. Saber leer, (114), 12.

Olson, S. J., & Ord, T. (2021). Implications of a search for intergalactic civilizations on prior estimates of human survival and travel speed. arXiv preprint arXiv:2106.13348.

Overbye, D. (2012). Search for aliens is on again, but next quest is finding money. The New York Times.

Papagiannis, M. D. (1978). Are we all alone, or could they be in the asteroid belt?. Quarterly Journal of the Royal Astronomical Society, Vol. 19, p. 277, 19, 277.

Peters, T. (2019). Should We Send Messages to Extraterrestrials?. Theology and Science, 17(1), 6-8.

Pichalakkattu, B. (2019). SETI & METI: An Indian Perspective. Theology and Science, 17(1), 49-58.

Platt, K. F. (2021). Drake-like Calculations for the Frequency of Life in the Universe. Philosophies, 6(2), 49.

Quintana, E. V., & Lissauer, J. J. (2006). Terrestrial planet formation surrounding close binary stars. Icarus, 185(1), 1-20.

Raftery, A. E., Smitb, P., & Tbompson, E. A. (1988). TECHNICAL REPORT No. 119 February 1988.

Rampelotto, P. H. (2010). The search for life on other planets: Sulfur-based, silicon-based, ammonia-based life. Journal of Cosmology, 5, 818-827.

Raymond, S. N., Veras, D., Clement, M. S., Izidoro, A., Kipping, D., & Meadows, V. (2023). Constellations of co-orbital planets: horseshoe dynamics, long-term stability, transit timing variations, and potential as SETI beacons. Monthly Notices of the Royal Astronomical Society, 521(2), 2002-2011.

Robinson, K. S. (2021). Aurora. Bragelonne.

Robitaille, T. P., & Whitney, B. A. (2010). The present-day star formation rate of the Milky Way determined from Spitzer-detected young stellar objects. The Astrophysical Journal Letters, 710(1), L11.

Roehrig, Catharine H. (2000). Egypt in the Old Kingdom (ca. 2649–2130 B.C.). Museo Metropolitano de Arte, ed.

Sagan, C. E. (1980). Cosmos: Un viaje personal. 3DD Entertainment.
Sagan, C. (2015). Carl Sagan. Interstellar Messages, 66.
Sagan, C. (2018). Contacto. Nova.
Sagan, C., & Drake, F. (1975). The search for extraterrestrial intelligence. Scientific American, 232(5), 80-89.
Sagan, C., & Druyan, A. (2011). Pale blue dot: A vision of the human future in space. Ballantine books.
Sagan, C., Druyan, A., Soter, S., & Malone, A. (1980-1989). Cosmos: A personal voyage. KCET and Carl Sagan Productions.
Sagan, C., & Newman, W. I. (1983). The solipsist approach to extraterrestrial intelligence. Quarterly Journal of the Royal Astronomical Society, 24, 113.
Sánchez Ron, J.M. (2021). Blas Cabrera, científico español y universal.
Sanders, R. (2015). Internet investor Yuri Milner joins with Berkeley in $100 million search for extraterrestrial intelligence. Berkeley News.
Santana, C. (2021). We come in peace? A rational approach to METI. Space Policy, 57, 101430.
SETI Institute website, VVAA (2023). Jill Tarter (via Wayback Machine, archive.org). Bernard M. Oliver Chair for SETI Research. Project Phoenix.
https://www.seti.org
Scharf, C., & Cronin, L. (2016). Quantifying the origins of life on a planetary scale. Proceedings of the National Academy of Sciences, 113(29), 8127-8132.
Schilling, G. (1998). Chance of Finding Aliens, The: Reevaluating the Drake Equation. Sky and Telescope, 96(6), 36.
Schils, R., & Schils, R. (2012). Enrico Fermi. How James Watt Invented the Copier: Forgotten Inventions of Our Great Scientists, 143-149.
Scientific American, Jonathan O'Callaghan, Lee Billings, 18 diciembre 2020.

Shoultz, J. P. (2019). A Redefinition of the Drake Equation and Its Implications for Astrobiology. 2019 NCUR.

Simpson, F. (2016). Apocalypse now? Reviving the Doomsday argument. arXiv preprint arXiv:1611.03072.

Siraj, A., & Loeb, A. (2022). A Meteor of Apparent Interstellar Origin in the CNEOS Fireball Catalog. The Astrophysical Journal, 939(1), 53.

Siraj, A., Loeb, A., Moro-Martin, A., Elowitz, M., White, A., Watters, W., ... & Laukien, F. (2022). Physical Considerations for an Intercept Mission to a 1I/'Oumuamua-like Interstellar Object. arXiv preprint arXiv:2211.02120.

Sjoberg, G. (1965). The origin and evolution of cities. Scientific American, 213(3), 54-62.

Smart, J. M. (2012). The transcension hypothesis: Sufficiently advanced civilizations invariably leave our universe, and implications for METI and SETI. Acta Astronautica, 78, 55-68.

Smith, K. C. (2017). Hawking and the METI Hawks: right for the wrong reasons. Theology and Science, 15(2), 147-149.

Smith, K. C., & Traphagan, J. W. (2020). First, do nothing: a passive protocol for first contact. Space Policy, 54, 101389.

Snyder-Beattie, A. E., Sandberg, A., Drexler, K. E., & Bonsall, M. B. (2021). The timing of evolutionary transitions suggests intelligent life is rare. Astrobiology, 21(3), 265-278.

Socas-Navarro, H. (2018). Possible photometric signatures of moderately advanced civilizations: the Clarke exobelt. The Astrophysical Journal, 855(2), 110.

Socas-Navarro, H., Haqq-Misra, J., Wright, J. T., Kopparapu, R., Benford, J., & Davis, R. (2021). Concepts for future missions to search for technosignatures. Acta Astronautica, 182, 446-453.

Spiegel, D. S., & Turner, E. L. (2012). Bayesian analysis of the astrobiological implications of life's early emergence on Earth. Proceedings of the National Academy of Sciences, 109(2), 395-400.

Srinivas, S. (2018). Interstellar Explorations: Stephen Hawking Shows the Way.

Stapledon, O. (2004). Star maker. Wesleyan University Press.

Stellato, J. (2020). The Milky Way and Lentil Beans. Science Scope, 43(6), 44-49.

Stevens, A., Forgan, D., & James, J. O. M. (2016). Observational signatures of self-destructive civilizations. International Journal of Astrobiology, 15(4), 333-344.

Sutter, P. (2019). Alien Hunters, Stop Using the Drake Equation. Space. Com.

Tarter, J. (2001). The search for extraterrestrial intelligence (SETI). Annual Review of Astronomy and Astrophysics, 39(1), 511-548.

Tarter, J. (2001). What is SETI? a. Annals of the New York Academy of Sciences, 950(1), 269-275.

The Atlantic, Sarah Scoles, 23 mayo 2017. https://www.theatlantic.com/science/archive/2017/05/aliens-on-your-packard-bell/527445/

Tipler, F. J. (1981). Additional remarks on extraterrestrial intelligence. Quarterly Journal of the Royal Astronomical Society, 22, 279.

Tipler, F. J. (1980). Extraterrestrial intelligent beings do not exist. Quarterly Journal of the Royal Astronomical Society, 21, 267-281.

Tjoa, J. N. K. Y., Mueller, M., & van der Tak, F. F. S. (2020). The subsurface habitability of small, icy exomoons. Astronomy & Astrophysics, 636, A50.

Townes, C. H. (1993, August). Infrared Seti. In The Search for Extraterrestrial Intelligence (SETI) in the Optical Spectrum (Vol. 1867, pp. 121-125). SPIE.

Traub, W. (2012). Terrestrial, habitable-zone exoplanet frequency from Kepler. ApJ 745 20

Traphagan, J. W., & Traphagan, J. W. (2015). SETI in non-western perspective. The Impact of Discovering Life beyond Earth, 299-307.

Turchin, A. (2013). The Risks Connected with Possibility of Finding Alien AI Code During SETI (and possible benefits).

Turchin, A. (2018). Global Catastrophic Risks Connected with Extra-Terrestrial Intelligence.

Vakoch, D. A. (1998). Constructing messages to extraterrestrials: an exosemiotic perspective. Acta Astronautica, 42(10-12), 697-704.

Vakoch, D. A. (2009). Anthropological contributions to the search for extraterrestrial intelligence. Bioastronomy 2007: Molecules, Microbes and Extraterrestrial Life, 420, 421.

Vakoch, D. A. (2011). The art and science of interstellar message composition: a report on international workshops to encourage multidisciplinary discussion. Acta Astronautica, 68(3-4), 451-458.

Vakoch, D. A. (2016). In defence of METI. Nature Physics, 12(10), 890-890.

van den Bergh, S. (1999). The local group of galaxies. The Astronomy and Astrophysics Review, 9(3), 273-318.

Villarroel, B., Soodla, J., Comerón, S., Mattsson, L., Pelckmans, K., López-Corredoira, M., ... & Ward, M. J. (2019). The vanishing and appearing sources during a century of observations project. I. USNO objects missing in modern sky surveys and follow-up observations of a “Missing Star”. The Astronomical Journal, 159(1), 8.

Von Hoerner, S. (1961). The Search for Signals from Other Civilizations: The waiting time for answers may be greater than the longevity of the technical state of mind. Science, 134(3493), 1839-1843.

Walters, C., Hoover, R. A., & Kotra, R. K. (1980). Interstellar colonization: a new parameter for the Drake equation?. Icarus, 41(2), 193-197.

Washburn, S. L. (1960). Tools and human evolution. Scientific American, 203(3), 62-75.

Wheeler, E. (2014). The'Wow'Signal, Drake Equation and Exoplanet Considerations. Journal of the British Interplanetary Society, 67, 412-417.

Whittet, D. (2017). Icy worlds as potential hosts for life. In Origins of Life: A cosmic perspective. Morgan & Claypool Publishers.

Wilson, C. (2015). A criminal history of mankind. Diversion Books.

Wikipedia. Allen Telescope Array.
https://en.wikipedia.org/wiki/Allen_Telescope_Array

Wikipedia. Freeman Dyson.
https://en.wikipedia.org/wiki/Freeman_Dyson

• Wikipedia. Instituto SETI.
https://es.wikipedia.org/wiki/Instituto_SETI

Wikipedia. Paradoja de Fermi.
https://es.wikipedia.org/wiki/Paradoja_de_Fermi

Wikipedia. Sumeria.
https://es.wikipedia.org/wiki/Sumeria

Wikipedia. Timeline of the evolutionary history of life.
https://en.wikipedia.org/wiki/Timeline_of_the_evolutionary_history_of_life

Wright, J. T. (2020). Dyson spheres. arXiv preprint arXiv:2006.16734.

Wright, J. (2022, June). The Penn State Extraterrestrial Intelligence Center. In American Astronomical Society Meeting Abstracts (Vol. 54, No. 6, pp. 142-01).

Wright, J. T., & Oman-Reagan, M. P. (2018). Visions of human futures in space and SETI. International Journal of Astrobiology, 17(2), 177-188.

Wright, J. T. (2022). SETI in 2020. Acta Astronautica, 190, 24-29.

Wright, J. T. (2021). Strategies and advice for the Search for Extraterrestrial Intelligence. Acta Astronautica, 188, 203-214.

Wooster, H., Garvin, P. L., Callimahos, L. D., Lilly, J. C., Davis, W. O., & Heyden, F. J. (1966). Communication with extraterrestrial intelligence. IEEE spectrum, 3(3), 153-163.

Xataka, Javier Pastor, 4 marzo 2020. https://www.xataka.com/espacio/proyecto-seti-busqueda-vida-extraterrestre-se-suspende-despues-dos-decadas-haber-encontrado-nada

Xiangyuan Ma, P., Ng, C., Rizk, L., Croft, S., Siemion, A. P., Brzycki, B., ... & Worden, S. P. (2023). A deep-learning search for technosignatures of 820 nearby stars. arXiv e-prints, arXiv-2301.

Zaitsev, A. (2013). The Drake Equation: Adding a METI Factor. SETI League: Little Ferry, NJ, USA, 20.

Zhang, Z. S., Werthimer, D., Zhang, T. J., Cobb, J., Korpela, E., Anderson, D., Li, D. (2020). First SETI observations with China's five-hundred-meter aperture spherical radio telescope (FAST). The Astrophysical Journal, 891(2), 174.

Zinnecker, H. (2004). Chances for Earth-like planets and life around metal-poor stars. In Symposium-International Astronomical Union (Vol. 213, pp. 45-50). Cambridge University Press.

6. AGRADECIMIENTOS

El autor quisiera expresar su sincero agradecimiento al Tutor Director de este trabajo, Dr. D. Jorge Lillo-Box por su ayuda, generosidad y paciencia.

This research has made use of the NASA Exoplanet Archive, which is operated by the California Institute of Technology, under contract with the National Aeronautics and Space Administration under the Exoplanet Exploration Program.

This research has made use of the archive of the Planetary Habitability Laboratory @ UPR Arecibo (phl.upra.edu).

Published
in February
2026

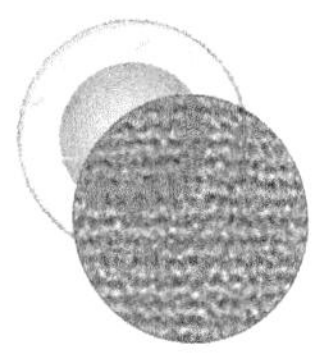

Faber & Sapiens